计算机类创新融合教材
"互联网+"教育改革新理念教材

MySQL 数据库
应用案例教程

主编 张 欣 杨建平 马永强

东北林业大学出版社
Northeast Forestry University Press

·哈尔滨·

版权专有　　侵权必究
举报电话：0451-82113295

图书在版编目（CIP）数据

MySQL数据库应用案例教程 / 张欣，杨建平，马永强主编. — 哈尔滨：东北林业大学出版社，2024.1
ISBN 978-7-5674-3440-0

Ⅰ.①M… Ⅱ.①张… ②杨… ③马… Ⅲ.①SQL语言—数据库管理系统—教材 Ⅳ.①TP311.132.3

中国国家版本馆CIP数据核字（2024）第030677号

责任编辑：刘剑秋
封面设计：王　薇
出版发行：东北林业大学出版社
　　　　　（哈尔滨市香坊区哈平六道街6号　邮编：150040）
印　　装：济南圣德宝印业有限公司
开　　本：787 mm×1092 mm　1/16
印　　张：12.75
字　　数：273千字
版　　次：2024年1月第1版
印　　次：2024年1月第1次印刷
书　　号：ISBN 978-7-5674-3440-0
定　　价：50.00元

如发现印装质量问题，请与出版社联系调换。（电话：0451-82113296　82191620）

作者简介

　　张欣（1990年7月），女，汉族，重庆合川人，硕士，讲师，毕业于重庆三峡学院农业工程与信息技术专业，现为云南工商学院智能科学与工程学院专职教师，研究方向为计算机软件。承担了计算机基础、c语言程序设计、数据库技术、java、web等方向的课程教学任务，先后发表论文10余篇，参编教材1部，参与省部级科研项目3项。

　　杨建平（1977年9月），男，汉族，云南宣威人，中国科学院研究生院博士，现为云南农业大学大数据学院教师，教授，研究方向为农业信息技术、天文大数据处理与分析。主持2项国家自然科学基金，1项省基金面上项目。一作发表SCI论文10余篇，获软件著作权4项。

　　马永强（1982年2月），男，汉族，内蒙古乌兰察布人，博士，现为集宁师范学院教师，副教授，研究方向为多媒体技术、计算机辅助教育。近年承担了"现代教育技术""多媒体课件设计与开发""多媒体制作""PHP语言基础""苹果操作系统""CAI理论与技术""程序设计基础"等多门课程的教学任务。

前言

在当今数字化时代，数据管理和数据处理的重要性不言而喻。随着互联网的普及和信息技术的快速发展，各行各业都面临着海量数据的处理和管理挑战。而MySQL数据库作为一款开源且可靠的数据库系统，凭借其卓越的性能和丰富的功能，成为许多应用开发人员和企业的首选。首先，MySQL数据库的稳定性和可靠性使其在各种应用场景下表现出色。经过多年的发展和实践，MySQL数据库已经被广泛验证和测试，具备较高的稳定性和可靠性。它能够满足大规模的数据存储和查询需求，并提供数据备份和恢复机制，以保证数据的安全性和完整性。其次，MySQL数据库具有良好的扩展性，可以满足不断增长的数据需求。MySQL支持水平和垂直扩展，可以通过添加更多的服务器节点或者提升硬件性能来增加系统的处理能力，这使得MySQL在大型企业级应用和高负载的网站中得到广泛应用，并能够满足日益增长的数据量和访问需求。

在本书中，读者将学习到如何通过MySQL数据库创建表格、插入和查询数据，执行更新和删除操作，以及使用各种高级功能来优化数据库性能和处理复杂的数据操作。本书深入探讨了MySQL数据库的高级功能，包括索引、视图、存储过程、触发器等，以及如何优化数据库性能和扩展性。此外，本书还将涵盖数据库设计的基本原则和最佳实践，以确保读者能够构建出可靠、高效的数据库结构。

本书由云南工商学院张欣、云南农业大学杨建平和集宁师范学院马永强共同编写。编写分工如下：张欣负责编写本书第一章至第四章的内容（共计12.9万字）；杨建平负责编写本书第六章至第八章的内容（共计7.1万字）；马永强负责编写本书第五章、第九章的内容（共计6.1万字）。张欣做了本书的统稿工作。

由于时间仓促和作者水平有限，书中难免有不足之处，恳请读者和同行不吝赐教、给予指正。

作　者

2023年10月

目 录

第一章 数据库概述 ... 1
- 第一节 数据库的含义 ... 2
- 第二节 数据库系统体系结构 ... 9
- 第三节 DBMS 功能与简介 ... 17
- 第四节 数据仓库和数据挖掘 ... 21

第二章 MySQL 语言基础 ... 33
- 第一节 MySQL 的基本语法要素 ... 33
- 第二节 MySQL 的数据类型 ... 39
- 第三节 MySQL 的运算符和表达式 ... 43
- 第四节 MySQL 的常用函数 ... 48

第三章 创建与管理数据库 ... 52
- 第一节 MySQL 数据库简介 ... 53
- 第二节 管理数据库 ... 56
- 第三节 数据备份与恢复 ... 64

第四章 数据表的操作 ... 72
- 第一节 创建表 ... 73
- 第二节 查看表结构 ... 76
- 第三节 删除表 ... 80
- 第四节 修改表 ... 82
- 第五节 操作表的约束 ... 89

第五章 存储过程与事务 96
第一节 存储过程概述 97
第二节 MySQL 存储过程的实现 98
第三节 事务的处理过程 113

第六章 数据查询与视图 120
第一节 数据查询 120
第二节 视图管理 130

第七章 索引与触发器操作 135
第一节 索引的概念与类型 135
第二节 MySQL 索引应用 139
第三节 触发器操作 146

第八章 数据库的安全机制 154
第一节 权限管理 154
第二节 用户管理 159
第三节 日志管理 167

第九章 MySQL 数据库应用开发实例 172
第一节 MySQL 分区技术在海量系统日志中的应用 173
第二节 MySQL 数据库在 PHP 网页中的动态应用 177
第三节 基于 PHP+MySQL 的在线相册设计与实现 181

参考文献 193

第一章
数据库概述

本章导读

数据库技术诞生于20世纪60年代末期。经过几十年的发展,与数据库相关的理论研究和应用技术都有了非常大的发展。数据库技术是计算机科学中一门重要的技术,在政府、企业等机构得到了广泛的应用。特别是Internet技术的发展,为数据库技术开辟了更广泛的应用舞台。

数据是信息时代的重要资源之一。商业的自动化和智能化,使得企业收集到了大量的数据,积累下来重要资源。政府、企业等各类组织需要对大量的数据进行管理,从数据中获取信息和知识,从而进行决策。20世纪80年代,美国信息资源管理学家霍顿(F. W. Horton)和马钱德(D. A. Marchand)等指出:信息资源(Information Resources)与人力、物力、财力和自然资源一样,都是企业的重要资源。因此,应该像管理其他资源那样管理信息资源。如今,数据库的建设规模、数据库信息量的规模及使用频度已成为衡量一个企业、组织乃至一个国家信息化程度的重要标志。

学习目标

1. 了解和体验数据库管理信息的优势
2. 掌握数据、数据库、数据库管理系统(DBMS)以及数据库系统的概念
3. 认识数据库的体系结构
4. 掌握 DBMS 的功能与分类

第一节　数据库的含义

引导案例

当人们学习 C/C++ 语言后，会尝试着开发应用程序，但是在了解数据库之前，总是会遇到一些问题和瓶颈。在销售系统这个程序中会有商品信息管理、入库以及销售等数据，如商品数据，包括商品名称、序号、外观等，这些数据是在程序中定义变量的，实际上存放在计算机内存单元中，程序中的数据随着程序的运行完成，其所占用的空间被释放掉。

如果使用文件将数据存放在硬盘中，由操作系统负责存取和管理数据，就可以解决这个问题。但是如果入库产生的商品数据、销售产生的销售数据之间有冗余，相同的数据重复存储、各自管理容易造成数据不一致。

● 思考

如果由一个系统程序来管理数据，使用户能够创建、维护和管理数据，所有的数据有组织地被这个系统程序来管理，程序可以共同使用这些数据，会不会更好？

一、数据库概述

要理解引导案例中提出的问题，以及为什么出现数据库技术，还要追溯到数据管理技术的发展历史。数据管理是指对数据进行分类、组织、编码、存储、检索和维护，它是数据处理的核心问题。

（一）信息与数据

信息是指音信、消息、通信系统传输和处理的对象，泛指人类社会传播的一切内容。人通过获得、识别自然界和社会的不同信息来区别不同事物，得以认识和改造世界。在一切通信和控制系统中，信息是一种普遍联系的形式。20世纪40年代，美国数学家香农（Claude Elwood Shannon）在《通信的数学理论》一文中指出："信息是用来消除随机不定性的东西。"创建一切宇宙万物的最基本万能的单位是信息。信息反映了事物内部属性、状态、结构、相互联系以及与外部环境的互动关系,以减少事物的不确定性。

数据和信息之间是相互联系的。数据是反映客观事物属性的记录,是信息的具体表现形式。数据经过加工处理之后,就成为信息;而信息需要经过数字化转变成数据才能存储和传输。

数据的表现形式还不能完全表达其内容,需要经过解释,数据和关于数据的解释是不可分的。例如,62是一个数据,可以是一个学生某门课的成绩,也可以是某个人的体重,还可以是计算机系某级的学生人数。数据的解释是指对数据含义的说明,数据的含义称为数据的语义,数据与其语义是不可分的。

例:

学生档案中的学生记录

(李小明,男,2005—06,重庆市,网络工程,2022)

数据的解释:

语义: 学生姓名、性别、出生年月、籍贯、所在系别、入学时间

解释: 李小明是个大学生,男,2005年6月出生,重庆人,2022年考入网络工程系。

(二)数据处理与管理

1.数据处理

数据处理是指用计算机收集、记录数据,经加工产生新的信息形式的技术。数据是指数字、符号、字母和各种文字的集合。数据处理涉及的加工处理比一般的算术运算要广泛得多。

计算机数据处理主要包括以下8个方面。

(1)数据采集

采集所需的信息。

(2)数据转换

把信息转换成机器能够接收的形式。

(3)数据分组

指定编码,按有关信息进行有效的分组。

(4)数据组织

整理数据或用某些方法安排数据,以便进行处理。

(5)数据计算

进行各种算术和逻辑运算,以便得到进一步的信息。

（6）数据存储

将原始数据或计算的结果保存起来，供以后使用。

（7）数据检索

按用户的要求找出有用的信息。

（8）数据排序

把数据按一定要求排成次序。

数据处理的过程大致分为数据的准备、处理和输出3个阶段。在数据准备阶段，将数据脱机输入穿孔卡片、穿孔纸带、磁带或磁盘中。这个阶段也可以称为数据的录入阶段。数据录入以后，就要由计算机对数据进行处理，为此预先要由用户编制程序并把程序输入计算机中，计算机是按程序的指示和要求对数据进行处理的。数据处理就是指上述8个方面工作中的一个或若干个的组合。最后数据输出的是各种文字和数字的表格和报表。

数据处理系统已广泛地应用于各个企业和事业单位，内容涉及薪金支付、票据收发、信贷和库存管理、生产调度、计划管理、销售分析等。它能产生操作报告、金融分析报告和统计报告等。数据处理技术涉及文卷系统、数据库管理系统、分布式数据处理系统等方面的技术。此外，由于数据或信息大量地应用于各个企业和事业单位，工业化社会中已形成一个独立的信息处理业。数据和信息本身已经成为人类社会中极其宝贵的资源。信息处理业对这些资源进行整理和开发，借以推动信息化社会的发展。

2.数据管理

数据管理是对不同类型的数据进行收集、整理、组织、存储、加工、传输、检索的过程，它是计算机的一个重要应用领域。其目的之一是从大量原始的数据中抽取、推导出对人们有价值的信息，然后利用信息作为行动和决策的依据；目的之二是为了借助计算机科学地保存和管理复杂的、大量的数据，以便人们能够方便而充分地利用这些信息资源。

（三）数据库管理技术的发展

在没有计算机的时代，对数据的管理只能用手工或机械的方式。而计算机出现后，数据管理技术经历了人工管理、文件系统管理和数据库管理3个阶段。

1.人工管理阶段

20世纪50年代中期以前，计算机外部存储器只有磁带、卡片和纸带等，还没有磁盘等直接存储设备，所以数据并不保存。数据是由应用程序管理，也就是用户自己管理数据，因此此阶段称为人工管理阶段。人工管理阶段如图1-1所示，软件中还没出现操作系统。

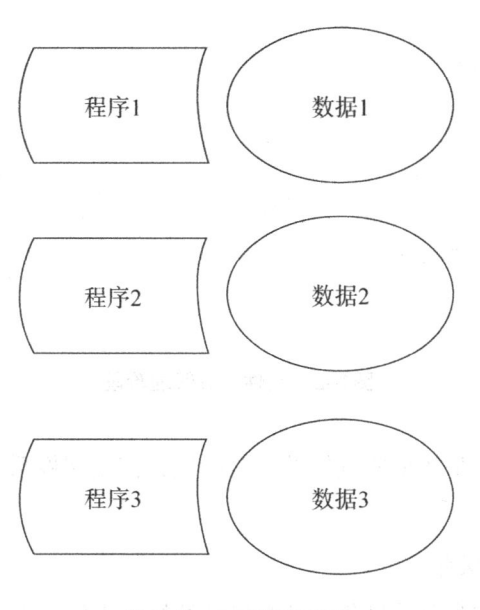

```
程序1        数据1


程序2        数据2


程序3        数据3
```

图1-1 人工管理阶段

人工管理阶段的特征如下。

（1）不能长期保存数据

在20世纪50年代中期之前，计算机一般在有关信息的研究机构里才能拥有，当时由于存储设备（纸带、磁带）的容量空间有限，都是在做实验的时候暂存实验数据，做完实验就把数据结果打在纸带上或者磁带上带走，所以一般不需要将数据长期保存。数据并不是由专门的应用软件来管理，而是由使用数据的应用程序来管理。作为程序员，在编写软件时既要设计程序逻辑结构，又要设计物理结构以及数据的存取方式。

（2）数据不能共享

在人工管理阶段，可以说数据是面向应用程序的。由于每一个应用程序都是独立的，一组数据只能对应一个程序，即使要使用的数据已经在其他程序中存在，但是程序间的数据是不能共享的，因此程序与程序之间有大量的数据冗余。

（3）数据不具有独立性

应用程序只要发生改变，数据的逻辑结构或物理结构就相应地发生变化，因而程序员要修改程序就必须要做出相应的修改，这给程序员的工作带来了很多负担。

2.文件系统管理阶段

20世纪50年代末到60年代中期，计算机开始有了硬盘、磁鼓等直接存储设备，计算机从原来仅用于科学计算发展到数据管理的应用。软件方面出现了操作系统和高级语言，如图1-2所示，操作系统中有了专门管理数据的软件模块——文件系统。

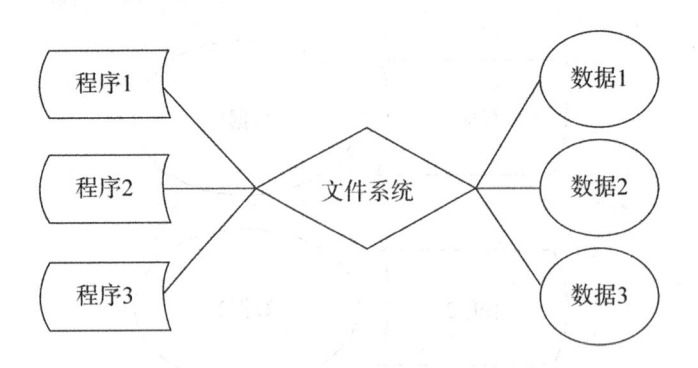

图1-2 文件系统管理阶段

文件系统管理阶段也是数据库发展的初级阶段，使用文件系统存储、管理数据具有以下4个特点。

（1）数据可以长期保存

有了大容量的磁盘作为存储设备，计算机开始被用来处理大量的数据并存储数据。

（2）简单的数据管理功能

文件的逻辑结构和物理结构脱钩，程序和数据分离，使数据和程序有了一定的独立性，减少了程序员的工作量。

（3）数据共享能力差

由于每一个文件都是独立的，当需要用到相同的数据时，必须建立各自的文件，数据还是无法共享的，也会造成大量的数据冗余。

（4）数据不具有独立性

在此阶段数据仍然不具有独立性，当数据的结构发生变化时，也必须修改应用程序、修改文件的结构定义；而应用程序的改变也将改变数据的结构。

文件系统管理阶段相对人工管理阶段，数据可以长期保存在外存储器上，可以进行重复使用，程序和数据之间能够相互独立，并且数据是面向应用的。

由以上特点可知，这个阶段数据的管理是由文件系统完成的，所以这个阶段称为文件系统管理阶段。这个阶段文件系统采用统一的方式管理用户和系统中数据的存储、检索、更新、共享和保护。文件系统可以把应用程序所管理的数据组织成独立的数据文件，实现对数据的修改、插入、删除和查询等操作。

3. 数据库管理阶段

20世纪60年代后期，计算机被越来越多地应用于管理领域，数据量急剧增长，而且规模也越来越大。同时，人们对数据共享的要求也越来越强烈。为了提高效率，人们开始对文件系统进行扩充，但这并不能解决问题。

这时已有大容量磁盘，硬件价格下降；软件价格则上升，为编制和维护系统软件及应用程序所需的成本相对增加。在处理方式上，联机实时处理要求更多，人们开始考虑并提出分布处理。在这种背景下，以文件系统作为数据管理手段已经不能满足应用的需求。于是，为解决多用户、多应用共享数据的需求，使数据为尽可能多的应用程序服务，数据库技术便应运而生，而且出现了管理数据的专门软件系统——数据库管理系统。

与文件系统管理相比，数据库管理具有明显的优势，从文件系统管理到数据库管理是数据管理技术发展的里程碑。下面详细讨论数据库管理阶段的特点及其优点。

（1）数据结构化

在文件系统管理阶段，只考虑了同一文件记录内部数据项之间的联系，而不同文件的记录之间是没有联系的，即从整体上看数据是无结构的。在数据库中，实现整体数据的结构化，把文件系统中简单的记录结构变成了记录和记录之间的联系所构成的结构化数据。在描述数据时，不仅要描述数据本身，还要描述数据之间的联系、数据之间的存取路径，把相关的数据有机地组织在一起。

数据库实现整体数据的结构化，这是数据库的主要特征之一，也是数据库与文件系统的本质区别。

所谓"整体"结构化，是指数据库中的数据不再针对某一个应用，而是面向全组织，即不仅数据内部是结构化的，而且整体是结构化的，数据之间是具有联系的。

在文件系统中每个文件内部是有结构的，即文件由记录构成，每个记录又由若干属性组成。

在文件系统中，尽管其记录内部已有某些结构，但每项记录之间没有联系。例如，用户文件、图书文件和订单条目文件是独立的三个文件，但实际上这三个文件的记录之间是有联系的，订单条目中的user1_id必须是用户文件中某个用户的id，订单条目中的product_id必须是图书文件中某个图书的id。

在关系数据库中，关系表的记录之间的联系是可以用参照完整性来表述的。如果向订单条目中增加一个用户的订购信息，但这个用户没有出现在用户关系中，关系数据库管理系统（RDBMS）将拒绝执行这样的插入操作，从而保证了数据的正确性。而文件系统管理中要做到这一点，必须通过程序员编写代码在应用程序中实现。

数据库实现整体数据的结构化，不仅要考虑某个应用程序的数据结构化，还要考虑整个组织的数据结构。数据结构化不仅数据是整体结构化的，而且存取数据的方式也很灵活，可以存取数据库中的某一个数据项、一组数据项、一个记录或一组记录。而在文件系统中，数据的存取单位是记录，粒度不能细到数据项。

（2）具有较高的数据独立性

数据独立性是数据库领域中一个常用的术语和重要概念，包括数据的物理独立性和数据的逻辑独立性。

数据的物理独立性是指用户的应用程序与存储在磁盘上的数据库中的数据是相互独立的。也就是说，数据在磁盘上的数据库中怎样存储是由DBMS管理的，用户程序不需要了解，应用程序要处理的只是数据的逻辑结构，这样当数据的物理存储改变时，用户程序不用改变。

数据的逻辑独立性是指用户的应用程序与数据库的逻辑结构是相互独立的，数据的逻辑结构改变了，用户程序也可以不变。

（3）减少数据冗余

在数据库方式下，用户不是自建文件，而是取自数据库中的某个子集。该子集并非独立存在，而是靠DBMS从数据库中映射出来，所以叫作逻辑文件。用户使用的是逻辑文件，因此尽管一个数据可能出现在不同的逻辑文件中，但实际上的物理存储只可能出现一次，从而减少了数据冗余。

（4）数据共享

数据库中的数据是考虑所有用户的数据需求、面向整个系统组织的，而不是面向某个具体应用的。因此，数据库中包含了所有用户的数据成分，但每个用户通常只用到其中一部分数据。不同用户使用的数据可以重叠，同一部分数据也可为多个用户所共享。

（5）统一的数据管理与控制功能

数据库中的数据不仅要由DBMS进行统一管理，同时还要进行统一的控制。其主要的控制功能如下：

①数据的完整性。数据的完整性在数据库的应用中非常重要。为了保证数据的正确性，要使用数据库系统提供的存取方法设计一些完整性规则，对数据值之间的联系进行校验。

②数据的安全性。在实际应用中，并非每个应用都应该存取数据库中的全部数据。它可能仅仅是对数据库中的一部分数据进行操作，因此需要保护数据库以防止不合法的使用，避免数据丢失、被窃取。总之，保证数据的安全性十分重要。

③并发控制。当多个用户同时存取、修改数据库中的数据时，可能会发生相互干扰，使数据库中数据的完整性受到破坏，从而导致数据的不一致性。数据库的并发控制防止了这种现象的发生，提高了数据库的利用率。

④数据库的恢复。有时会出现软/硬件的故障，此时数据库系统应具有恢复能力，能把数据库恢复到最近某个时刻的正确状态。

（6）方便的用户接口

用户不仅可以通过数据库提供的查询语言、交互式程序来操纵数据库，也可以通过编程来操纵数据库，这样就拓宽了数据库的应用面。

数据库的出现使信息系统从以加工数据的程序为中心转向围绕共享的数据库为中心的新阶段。这样便于数据的集中管理，又有利于应用程序的开发和维护，提高了数据的利用率和相容性，提高了决策的可靠性。

数据库已经成为现代信息系统的重要组成部分。具有数百吉字节（GB）、数百太字节（TB），甚至数百拍字节（PB）的数据库已经普遍应用于科学技术、工业、农业、商业、服务业和政府部门的信息系统中。

第二节　数据库系统体系结构

数据库系统体系结构是数据库的一个总框架。虽然目前市场上流行的数据库系统软件产品品种多样，能支持不同的数据模型，且使用不同的数据库语言和应用系统开发工具，并建立在不同的操作系统之上，但绝大多数数据库系统在总的体系结构上都具有三级结构的特征，即外部级（External，最接近用户，是单个用户所能看到的数据特性）、概念级（Conceptual，涉及所有用户的数据定义）和内部级（Internal，最接近于物理存储设备，涉及物理数据存储的结构）。这个三级结构称为数据库的体系结构，有时也称为"三级模式结构"或"数据抽象的三个级别"。

一、数据库三级模式结构

模式是对数据库中全体数据的逻辑结构和特征的描述。数据模式是数据库的框架，反映的是数据库中数据的结构及其相互关系。数据库的三级模式由外模式、概念模式（简称模式）和内模式三级模式构成。

（一）外模式

外模式简称子模式，又称用户模式，既是数据库用户（包括应用程序员和最终用户）能够看见和使用的局部数据的逻辑结构和特征的描述，也是数据库用户的数据视图，还是用户与数据库系统之间的接口。

一个数据库可以有多个外模式，外模式表示了用户所理解的实体、实体属性和实体间的联系。在一个外模式中包含了相应用户的数据记录型、字段型、数据集的描述等。数据库中的某个用户一般只会用概念模式中的一部分记录型，有时甚至只需要某一记录型中的若干个字段而非整个记录型。因此，有了外模式后，程序员不必关心概念模式，只需与外模式发生联系，按照外模式的结构存储和操作。外模式是概念模式的一个逻辑子集。

外模式由DBMS提供的数据定义语言（Data Definition Language，DDL）来定义和描述。由于不同用户的需求相差很大，他们看待数据的方式与所使用的数据内容各不相同，对数据的保密性要求也有差异，因此，不同用户的外模式也不相同。

设置外模式的优点如下：

①方便用户使用，简化用户接口。用户无须了解数据的存储结构，只需按照外模式的规定编写应用程序或在终端键入操作命令，便可实现用户所需的操作。

②保证数据的独立性。通过模式间的映像保证数据库数据的独立性。

③有利于数据共享。由于同一概念模式可产生不同的外模式，因而减少了数据的冗余度，有利于多种应用服务。

④有利于数据的安全和保密。用户通过程序只能操作其外模式范围内的数据，从而使程序错误传播的范围缩小，保证了其他数据的安全性。由于一个用户对其外模式之外的数据是透明的，因此保密性较好。

（二）概念模式

概念模式简称模式，又称数据库模式、逻辑模式。它是数据库中全部数据的整体逻辑结构和特征的描述，由若干个概念记录类型组成，还包含记录间的联系、数据的完整性和安全性等要求。概念模式以某一种数据模型为基础，综合考虑了所有用户的需求，并将这些需求有机地集成一个逻辑整体。概念模式可以被看作现实世界中一个组织或部门中的实体及其联系的抽象模型在具体数据库系统中的实现。

数据按外模式的描述提供给用户，按内模式的描述存储在磁盘中，而概念模式提供了连接这两级的中间层，并使得两级中任何一级的改变都不受另一级的牵制。一个数据库只有一个概念模式，既不涉及数据的物理存储细节和硬件环境，又与具体的应用程序及程序设计语言无关。概念模式由DBMS提供的DDL来定义和描述。定义概念模式时，不仅要定义数据的逻辑结构，例如数据记录由哪些字段构成，字段的名称、类型、取值范围等，而且还要定义数据之间的联系及与数据有关的安全性、完整性要求等内容。因此，概念模式是数据库中全体数据的逻辑描述，而不是数据库本身，它是装配数据的一个结构框架。

（三）内模式

内模式也称存储模式，是对数据库中数据物理结构和存储方式的描述，是数据在数据库内部的表示形式。一个数据库只有一个内模式，在内模式中规定了数据项、记录、索引和存取路径等所有数据的物理组织、优化性能、响应时间和存储空间需求等信息，还规定了记录的位置、块的大小和溢出区等。此外，数据是否加密、是否压缩存储等内容也可以在内模式中加以说明。

因此，内模式是DBMS管理的最底层，它是物理存储设备上存储数据时的物理抽象。内模式由DBMS提供的DDL来定义和描述。

综上所述，分层抽象的数据库结构可归纳为以下几点：

①对一个数据库的整体逻辑结构和特征的描述（即数据库的概念结构）是独立于数据库其他层次结构（即内模式的描述）的。当定义数据库的层次结构时，应首先定义全局逻辑结构，而全局逻辑结构是在整体数据规划时得到的概念结构，是结合选用的数据模型定义的。

②一个数据库的内模式依赖于概念模式，它将概念模式中所定义的数据结构及其联系进行适当的组织，并给出具体的存储策略，以最优的方式提高时空效率。内模式独立于外模式，也独立于具体的存储设备。

③用户逻辑结构即外模式是在全局逻辑结构描述的基础上定义的，它独立于内模式和存储设备。

④特定的应用程序是在外模式描述的逻辑结构上编写的，它依赖于特定的外模式。原则上，每个应用程序都使用一个外模式，但不同的应用程序也可以共用一个外模式。由于应用程序只依赖于外模式，因此它也独立于内模式和存储设备，并且概念模式的改变不会导致相对应的外模式发生变化，应用程序也独立于概念模式。

二、数据库两级映像功能

（一）两级映像

数据库系统的三级模式是对数据进行的三个级别的抽象，使用户能有逻辑地、抽象地处理数据，而不必关心数据在机器中的具体表示方式和存储方式。而三级结构之间往往差别很大，为了实现这三个抽象级别的联系和转换，DBMS在三级结构之间提供了两个层次的映像：外模式/概念模式映像、概念模式/内模式映像。所谓映像是一种对应规则，它指出了映像双方是如何进行转换的。

1.外模式/概念模式映像

外模式/概念模式映像定义了各个外模式与概念模式间的映像关系。同一个概念模式可以有多个外模式；对于每一个外模式，数据库系统都有一个外模式/概念模式映像，它定义了该外模式与概念模式之间的对应关系。外模式/概念模式映像定义通常在各自的外模式中加以描述。

当模式改变时，数据库管理员修改有关的外模式/概念模式映像，使外模式保持不变。应用程序是依据数据的外模式编写的,所以应用程序不必修改,保证了数据与程序的逻辑独立性。

2.概念模式/内模式映像

概念模式/内模式映像定义了数据库全局逻辑结构与存储结构之间的对应关系。由于这两级的数据结构可能不一致,即记录类型、字段类型的命名和组成可能不一样,因此需要这个映像说明概念记录和内部记录之间的对应性。概念模式/内模式映像一般是在内模式中加以描述的。当数据库的存储结构改变了(例如选用了另一种存储结构),数据库管理员修改概念模式/内模式映像,使概念模式保持不变,应用程序不受影响,保证了数据与程序的物理独立性。

在数据库的三级模式结构中,数据库模式即全局逻辑结构是数据库的中心与关键,独立于数据库的其他层次。因此,设计数据库模式结构时,应首先确定数据库的概念模式。

数据库的内模式依赖于它的全局逻辑结构,独立于数据库的用户视图,即外模式,也独立于具体的存储设备。它将全局逻辑结构中所定义的数据结构及其联系按照一定的物理存储策略进行组织,以达到较好的时间与空间效率。

数据库的外模式面向具体的应用程序,它定义在逻辑模式之上,但独立于存储模式和存储设备。当应用需求发生较大变化,相应外模式不能满足其视图要求时,该外模式就得做相应改动,所以设计外模式时应充分考虑应用的扩充性。

特定的应用程序是与数据库的模式和存储结构相独立。不同的应用程序有时可以共用同一个外模式。数据库的两级映像保证了数据库外模式的稳定性,从底层保证了应用程序的稳定性。除非应用需求本身发生变化,否则应用程序一般不需要修改。

数据与程序之间的独立性,使得数据的定义和描述可以从应用程序中分离出去。另外数据的存取由DBMS管理,用户不必考虑存取路径等细节,简化了应用程序的编制,大大减少了应用程序的修改和维护。

(二)两级数据独立性

由于数据库系统采用三级模式结构,因此具有数据独立性等特点。数据独立性分成物理数据独立性和逻辑数据独立性两个级别。

1.物理数据独立性

如果数据库的内模式要修改,即数据库的物理结构有所变化,那么只要对概念模式/内模式映像做相应的修改即可。在这个过程中,可以使概念模式尽可能保持不变,即对内模式的修改尽量不影响概念模式,当然对于外模式和应用程序的影响也要更小。这样,就称数据库达到了物理数据独立性(简称物理独立性)。

概念模式/内模式映像提供了数据的物理独立性,即当数据的物理结构发生变化时,如存储设备的改变、数据存储位置或存储组织方式的改变等,不影响数据的逻辑结构。例如，为了提高应用程序的存取效率，数据库管理员和设计人员依据各应用程序对数据的存取要求，可以对数据的物理组织进行一定形式或程序的优化，而不需要重新定义概念模式与外模式，也不需要修改应用程序。

2.逻辑数据独立性

如果数据库的概念模式要修改，例如增加记录类型或增加数据项，那么只要对外模式/概念模式映像做相应的修改，就可以使外模式和应用程序尽可能保持不变。这样，就称数据库达到了逻辑数据独立性（简称逻辑独立性）。

外模式/概念模式的映像提供了数据的逻辑独立性，即当数据的整体逻辑结构发生变化时，例如为原有记录增加新的数据项、在概念模式中增加新的数据类型、在原有记录类型中增加的联系等，不影响外模式。例如，在教务管理数据库系统中，随着需求的变化，需要增加双学位选修课程和授予学位的信息，增加学生毕业就业去向信息等。当根据新的功能要求对原模式进行修改或扩充新结构时，这种修改不必重新编写应用程序，也不需要重新生成外模式，而仅需对概念模式做部分修改或扩充，对外模式的定义做某些调整。当然，如果要实现新的处理功能，就需要编写新的应用程序，或对原有的应用程序进行修改。

总之，数据库三级模式体系结构是数据管理的结构框架，依照这些数据框架组织的数据才是数据库的内容。在设计数据库时，主要是定义数据库的各级模式，而在用户使用数据库时，关心的才是数据库的内容。数据库的模式常常是相对稳定的，而数据库的数据则是经常变化的，特别是一些工业过程的实时数据库，其数据的变化是连续不断的。

（三）数据库的抽象层次

数据库系统的三级模式结构定义了数据库的三个抽象层次：物理数据库、概念数据库和逻辑数据库。数据库的三种不同模式只是提供处理数据的框架，而填入这些框架中的数据才是数据库的内容。根据三级模式结构引出的数据库抽象层次，可从不同角度观察数据库的视图。

1.物理数据库

以内模式为框架的数据库称为物理数据库，它是最里面的一个层次，是物理存储设备上实际存储的数据集合，这些数据称为用户处理的对象。从系统程序员来看，这些数据是他们用文件方式组织的一个个物理文件（存储文件）。系统程序员编制专门的存储程序，实现对文件中数据的存取。因此，物理数据库也称为系统程序员视图或者数据的存储结构。

2.概念数据库

以概念模式为框架的数据库称为概念数据库，它是数据库结构中的一个中间层次，是数据库的整体逻辑表示，它描述了每一个数据的逻辑定义及数据间的逻辑联系。为了减少数据冗余，可对所有用户的数据进行综合，构成一个统一的有机逻辑整体。概念数据库描述了数据库系统所有对象的逻辑联系，是实际存在的物理数据库的一种逻辑描述。它是数据库管理员（DBA）概念下的数据库，故称为DBA的视图。

3. 逻辑数据库

以外模式为框架的数据库称为逻辑数据库，它是数据库结构的最外一层，是用户所看到和使用的数据库，因而也称为用户数据库或用户视图。逻辑数据库是某个或某些用户使用的数据集合，即用户看到和使用的那部分数据的逻辑结构（称为局部逻辑结构）。用户根据系统提供的外模式，用查询语言或应用程序对数据库的数据进行所需的操作。

总之，对一个数据库系统而言，实际上存在的只是物理数据库，它是数据访问的基础。概念数据库是物理数据库的抽象表示，用户数据库是概念数据库的部分抽取，是用户与数据库的接口。用户根据外模式进行操作，通过外模式/概念模式映像与概念数据库联系起来，再通过概念模式/内模式映像与物理数据库联系起来。DBMS的中心工作之一就是完成三个层次数据库之间的转换，把用户对数据库的操作转化成对物理数据库的操作。DBMS实现映像的能力，将直接影响该数据库系统达到数据独立性的程序。

（四）数据库的数据模式与数据模型的关系

数据模式与数据模型有着密切的联系。一方面，一般概念模式和子模式是建立在一定的逻辑数据模型之上的，如层次模型、网状模型、关系模型等；另一方面，数据模式与数据模型在概念上是有区别的，数据模式是数据库基于特定数据模式的结构定义，它是数据模型中有关数据结构及其相互关系的描述，因此它仅是数据模型的一部分。

三、数据库应用系统体系结构

（一）三个层次

一个数据库应用系统通常包括数据存储层、业务处理层与界面表示层三个层次。

1. 数据存储层

数据存储层主要完成对数据库中数据的各种维护操作，这一层的功能一般由数据库系统来承担。

2. 业务处理层

业务处理层也可称为应用层，即数据库应用将要处理的与用户紧密相关的各种业务操作。这一层次上的工作通常使用有关的程序设计语言编程完成。

3. 界面表示层

界面表示层也可称为用户界面层,是用户向数据库系统提出请求和接收回答的地方,它主要用于数据库系统与用户之间的交互,是数据库应用系统提供给用户的可视化的图形操作界面。

数据库应用系统体系结构是指数据库系统中的数据存储层、业务处理层、界面表示层以及网络通信之间的布局与分布关系。

(二)结构类型

根据目前数据库系统的应用与发展,可以将数据库应用系统的体系结构分为单用户结构、集中式结构、客户机/服务器结构、浏览器/服务器结构等类型。

1.单用户结构

随着PC的速度与存储容量等性能指标的不断提高,人们开发出了适合PC的单用户数据库系统。这种可以运行在PC上的数据库系统称为桌面DBMS(Desktop Database Management System)。这些桌面DBMS虽然在数据的完整性、安全性、并发性等方面存在许多缺陷,但是已经基本上实现桌面DBMS所应具备的功能。目前,比较流行的桌面DBMS有Microsoft Access、Visual FoxPro等。

在这种桌面DBMS中,数据存储层、业务处理层和界面表示层的所有功能都存在于单台PC上。这种结构非常适合未联网用户、个人用户及移动用户等使用。

2.集中式结构

集中式数据库应用系统体系结构是一种采用大型主机和多个终端相结合的系统。这种结构将操作系统、应用程序、数据库系统等数据和资源均放在作为核心的主机上,而连接在主机上的许多终端,只是作为主机的一种输入/输出设备。在这种系统结构中,数据存储层和业务处理层都放在主机上,而界面表示层放在与主机相连接的各个终端上。

在集中结构中,由于所有的处理均由主机完成,因而对主机的性能要求很高,这是数据库系统初期最流行的结构。随着计算机网络的兴起,PC性能的大幅度提高且价格又大幅度下跌,这种传统的集中式数据库应用系统结构已经被客户机/服务器数据库应用系统结构所代替。

3.客户机/服务器结构

客户机/服务器(Client/Server,C/S)结构是当前非常流行的数据库应用系统结构。在这种体系结构中,客户机提出请求,服务器对客户机的服务请求做出回应。C/S结构最早起源于计算机局域网中对打印机等外部设备资源的共享服务要求,即把文件打印和存取作为一种通用的服务功能,由局域网中的某些特定结点来完成,而其他结点在需要这些服务时,可以通过网络向特定结点发出服务请求,以得到相应的服务。这种外设共享处理的结构在服务功能上的自然拓展就形成了目前的C/S结构。C/S结构的本质在于通过对服务功能的分布实现分工服务。每一台服务器为整个局域网系统提供自己最擅长的服务，让所有客户机来分享；客户机的应用程序借助于服务器的服务功能实现复杂的应用功能。在C/S结构中，数据存储层处于服务器上，业务处理层和界面表示层处于客户机上。

在C/S结构中，客户机负责管理用户界面，接收用户数据，处理应用逻辑，生成数据库服务请求，并将服务请求发送给数据库服务器，同时接收数据库服务器返回的结果，最后再将返回的结果按照一定的格式或方式显示给用户。数据库服务器对服务请求进行处理，并将处理结果反馈给客户机。

C/S结构使应用程序的处理更加接近用户，其好处在于使整个系统具有较好的性能。此外，C/S结构的通信成本也比较低，其主要原因是C/S结构降低了数据传输量，数据库服务器返回给客户机的仅是执行数据操作后的结果数据；另外，由于许多应用逻辑的处理由客户机来完成，因而减少了许多不必要的与服务器之间的通信开销。

4. 浏览器/服务器结构

浏览器/服务器（Browser/Server，B/S）结构是随着计算机网络技术，特别是Internet技术的迅速发展与应用而产生的一种数据库应用系统结构。B/S结构是针对C/S结构的不足而提出的。

基于C/S结构的数据库应用系统把许多应用逻辑处理功能分散在客户机上完成，这样对客户机提出了较高的要求。一方面，客户机必须拥有足够的能力运行客户端应用程序与用户界面软件，必须针对每种要连接的数据库安装客户端软件。另一方面，由于应用程序运行在客户机端，当客户机上的应用程序修改之后，就必须在所有安装该应用程序的客户机上重新安装此应用程序，所以维护非常困难。

在B/S结构的数据库应用系统中，客户机端仅安装通用的浏览器软件实现同用户输入/输出，而应用程序在服务器上安装和运行。在服务器端，除了要有数据库服务器保存数据并运行基本的数据库操作外，还要有另外的称为应用服务器的服务器来处理客户端提交的处理请求。也就是说，B/S结构中客户端运行的程序转移到了应用服务器中，应用服务器充当了客户机与数据库服务器的中介，架起了用户界面同数据库之间的桥梁，因此B/S结构也称为三层结构。

B/S结构有效地克服了C/S结构的缺陷，使得客户机只要能够运行浏览器即可；它还能够有效地节省投资，同时使客户机的配置和维护也变得异常轻松。

B/S结构的典型应用是在Internet中，该结构可以利用数据库为网络用户提供功能强大的信息服务。此外，B/S结构由三层结构还扩展出了多层结构，通过增加中间的服务器的层数来增强系统功能，优化系统配置，简化系统管理。

第三节 DBMS功能与简介

DBMS是一个操纵和管理数据库的大型软件,用于建立、使用和维护数据库。它对数据库进行统一的管理和控制,以保证数据库的安全性和完整性。用户通过DBMS访问数据库中的数据,数据库管理员也通过DBMS进行数据库的维护工作。它可使多个应用程序和用户用不同的方法在同时刻或不同时刻去建立、修改和询问数据库。大部分DBMS提供数据定义语言(Data Definition Language,DDL)和数据操作语言(Data Manipulation Language,DML),供用户定义数据库的模式结构与权限约束,实现对数据的追加、删除等操作。

一、DBMS的功能

DBMS为用户实现了数据库的建立、使用、维护操作,因此,DBMS必须具备相应的功能。

(一)数据定义(描述)功能

DBMS提供DDL,供用户定义数据库的三级模式结构、两级映像以及完整性约束和保密限制等约束。DDL主要用于建立、修改数据库的库结构。

(二)数据操纵功能

DBMS提供DML,供用户实现对数据的追加、删除、更新、查询等操作。

(三)数据库运行管理功能

数据库的运行管理功能是DBMS的运行控制、管理功能,包括多用户环境下的并发控制、安全性检查和存取限制控制、完整性检查和执行、运行日志的组织管理、事务的管理和自动恢复,即保证事务的原子性。这些功能保证了数据库系统的正常运行。

(四)数据组织、存储和管理

DBMS要分类组织、存储和管理各种数据,包括数据字典、用户数据、存取路径等,需确定以何种文件结构和存取方式在存储上组织这些数据,如何实现数据之间的联系。数据组织和存储的基本目标是提高存储空间利用率，选择合适的存取方法提高存取效率。

（五）数据库的维护

这一部分包括数据库的数据载入、转换、转储、重构以及性能监控等功能，这些功能分别由各个应用程序来完成。

（六）数据库的保护

数据库中的数据是信息社会的战略资源，所以数据的保护至关重要。DBMS对数据库的保护通过4个方面来实现，即数据库恢复、数据库并发控制、数据库完整性控制、数据库安全性控制。DBMS的其他保护功能还有系统缓冲区的管理以及数据存储的某些自适应调节机制等。

（七）通信功能

DBMS具有与操作系统的联机处理、分时系统及远程作业输入相关的接口，负责处理数据的传送。网络环境下的数据库系统，还应该包括DBMS与网络中其他软件系统的通信功能以及数据库之间的互操作功能。

说明：常见的DBMS有SyBase、DB2、Oracle、MySQL、Access、Visual Foxpro、MS SQL Server、Informix、PostgreSQL等。

二、数据库语言

结构化查询语言（Structured Query Language，SQL）是一种特殊目的的编程语言，是一种数据库查询和程序设计语言，用于存取数据以及查询、更新和管理关系数据库系统；同时也是数据库脚本文件的扩展名。

结构化查询语言是高级的非过程化编程语言，允许用户在高层数据结构上工作。它不要求用户指定对数据的存放方法，也不需要用户了解具体的数据存放方式，所以具有完全不同底层结构的不同数据库系统，可以使用相同的结构化查询语言作为数据输入与管理的接口。结构化查询语言语句可以嵌套，这使它具有极大的灵活性和强大的功能。结构化查询语言包含以下几个部分。

（一）数据定义语言（Data Definition Language，DDL）

数据定义语言包括数据库模式定义和数据库存储结构与存取方法定义两个方面。数据库模式定义是处理程序接收用数据定义语言表示的数据库外模式、模式、存储模式及它们之间的映射的定义，并通过各种模式翻译程序将它们翻译成相应的内部表示形式，存储到数据库系统中称为数据字典的特殊文件中，作为数据库管理系统存取和管理数据的基本依据；而数据库存储结构和存取方法定义是处理程序接收用数据定义语言表示的数据库存储结构和存取方法的定义，在存储设备上创建相关的数据库文件，建立起相应物理数据库。

（二）数据操作语言（Data Manipulation Language，DML）

数据操作语言用来表示用户对数据库的操作请求，是用户与DBMS之间的接口。一般对数据库的主要操作包括查询数据库中的信息、向数据库插入新的信息、从数据库删除信息以及修改数据库中的某些信息等。数据操作语言通常又分为两类：一类是嵌入主语言，由于这种语言本身不能独立使用，故称为宿主型语言；另一类是交互式命令语言，由于这种语言本身能独立使用，故又称为自主型或自含型语言。

（三）数据查询语言（Data Query Language，DQL）

DQL也称为数据检索语句，用以从表中获得数据，确定数据怎样在应用程序中给出。保留字SELECT是DQL（也是所有SQL）用得最多的词，其他DQL常用的保留字有WHERE、ORDER BY、GROUP BY和HAVING。这些DQL保留字常与其他类型的SQL语句一起使用。

（四）数据控制语言（Data Control Language，DCL）

DCL的语句通过GRANT或REVOKE获得许可，确定单个用户和用户组对数据库对象的访问。某些RDBMS（Relational Database Management System，关系数据库管理系统）可用GRANT或REVOKE控制对表单各列的访问。

三、常用DBMS简介

（一）Microsoft SQL Server

SQL Server是Microsoft公司推出的关系型数据库管理系统，具有使用方便、可伸缩性好、与相关软件集成程度高等优点，可跨越从运行Microsoft Windows 98的膝上型计算机到运行Microsoft Windows 2012的大型多处理器的服务器等多种平台使用。Microsoft SQL Server是一个全面Microsoft SQL Server数据库引擎，为关系型数据和结构化数据提供了更安全可靠的存储功能，使用户可以构建和管理用于业务的高可用和高性能的数据应用程序。

(二) Oracle Database

Oracle Database，又名Oracle RDBMS，或简称Oracle，是甲骨文公司的一款关系数据库管理系统。它是在数据库领域一直处于领先地位的产品。可以说，Oracle数据库系统是目前世界上最流行的关系数据库管理系统，该系统可移植性好、使用方便、功能强，适用于各类大、中、小、微机环境。它是一种高效率、可靠性好、适应高吞吐量的数据库解决方案。

(三) MySQL

MySQL是一个关系型数据库管理系统，由瑞典MySQL AB公司开发，目前属于Oracle旗下产品。MySQL是最流行的关系型数据库管理系统，在Web应用方面，MySQL是最好的RDBMS应用软件之一。MySQL是一种关系数据库管理系统，关系数据库将数据保存在不同的表中，而不是将所有数据放在一个大仓库内，这样就增加了速度并提高了灵活性。MySQL所使用的SQL语言是用于访问数据库的最常用标准化语言。MySQL软件采用了双授权政策，它分为社区版和商业版，由于其体积小、速度快、总体拥有成本低，尤其是开放源代码这一特点，一般中小型网站的开发都选择MySQL作为网站数据库。

由于MySQL社区版的性能卓越，其搭配PHP和Apache可组成良好的开发环境。

与其他的大型数据库，如Oracle、DB2、SQL Server等相比，MySQL也有它的不足之处，但是这丝毫也没有减少它受欢迎的程度。对于一般的个人使用者和中小型企业来说，MySQL提供的功能已经绰绰有余，而且由于MySQL是开放源代码软件，因此可以大大降低总体拥有成本。

Linux作为操作系统，Apache或Nginx作为Web服务器，MySQL作为数据库，PHP/Perl/Python作为服务器端脚本解释器。由于这4个软件都是免费或开放源代码软件（FLOSS），因此使用这种方式不用花一分钱（除去人工成本）就可以建立起一个稳定、免费的网站系统，这种组合被业界称为LAMP或LNMP组合。

(四) Microsoft Office Access

Microsoft Office Access是由微软发布的关系数据库管理系统。它结合了Microsoft Jet Database Engine和图形用户界面两项特点，是Microsoft Office的系统程序之一。Microsoft Office Access是微软把数据库引擎的图形用户界面和软件开发工具结合在一起的一个数据库管理系统。MS Access以它自己的格式将数据存储在基于Access Jet的数据库引擎里。它还可以直接导入或者链接数据（这些数据存储在其他应用程序和数据库中）。软件开发人员和数据架构师可以使用Microsoft Access开发应用软件。

（五）DB2

IBM DB2是美国IBM公司开发的一款关系型数据库管理系统，它主要的运行环境为UNIX（包括IBM自家的AIX）、Linux、IBM i（旧称OS/400）、z/OS以及Windows服务器版本。DB2主要应用于大型应用系统，具有较好的可伸缩性，可支持从大型机到单用户环境，应用于所有常见的服务器操作系统平台下。DB2提供了高层次的数据可利用性、完整性、安全性、可恢复性以及小规模到大规模应用程序的执行能力，具有与平台无关的基本功能和SQL命令。DB2采用了数据分级技术，能够使大型机数据很方便地下载到LAN数据库服务器，使得客户机/服务器用户和基于LAN的应用程序可以访问大型机数据，并使数据库本地化及远程连接透明化。DB2以拥有一个非常完备的查询优化器而著称，其外部连接改善了查询性能，并支持多任务并行查询。DB2具有很好的网络支持能力，每个子系统可以连接十几万个分布式用户，可同时激活上千个活动线程，对大型分布式应用系统尤为适用。

此外，DBMS还有SyBase、Visual Foxpro、Informix和PostgreSQL等。

第四节　数据仓库和数据挖掘

一、数据库与数据仓库

数据仓库是为企业所有级别的决策制定过程，提供所有类型数据支持的战略集合。它是单个数据存储，出于分析性报告和决策支持目的而创建，具有为需要业务智能的企业提供指导业务流程改进，监视时间、成本、质量以及控制的功能。

数据仓库是面向主题的，操作型数据库的数据组织面向事务处理任务。数据仓库中的数据是按照一定的主题域进行组织的。主题是指用户使用数据仓库进行决策时所关心的重点方面，一个主题通常与多个操作型信息系统相关。

数据仓库是集成的，数据仓库的数据来自分散的操作型数据，将所需数据从原来的数据中抽取出来，进行加工与集成、统一与综合之后才能进入数据仓库。

（一）数据仓库的设计原则

数据仓库的设计不同于传统的OLTP数据库的设计，数据仓库系统的设计必须遵循三个原则。

1. 面向主题原则

构建数据仓库的目的是面向企业的管理人员，为经营管理提供决策支持信息。因此，数据仓库的组织设计必须以用户决策的需要来确定，即以用户决策的主观需求确定设计目标。

例如"商品销售"这个主题，管理人员为了能够在适当的时候订购适当的商品，并把它们分发到适当的商店中，就需要了解什么样的商品在什么样的时间及什么样的商店内畅销。因此，管理人员需要分析商品的销售额与商品类型、销售时间、商店位置的关系，即找出它们之间的变化关系。

2. 原型法原则

数据仓库系统的原始需求不明确，并且不断变化与增加，开发者最初并不能确切了解到用户的明确而详细的需求，用户所能提供的无非是需求的大方向以及部分需求，开发者更不能准确地预测以后的需求。因此，采用原型法来进行数据仓库的开发是比较合适的，即从构建系统的基本框架着手，不断丰富与完善整个系统。

数据仓库的设计是一个逐步求精的过程，用户的需求是在设计过程中不断细化明确的。同时，数据仓库系统的开发也是一个经过不断循环、反馈而使系统不断增长与完善的过程。在数据仓库开发的整个过程中，自始至终都要求决策人员和开发者的共同参与与密切合作，不做或尽量少做无效工作或重复工作。

3. 数据驱动原则

由于数据仓库是在现存数据库系统基础上进行开发的，它着眼于有效地提取、综合、集成和挖掘已有数据库的数据资源，满足企业高层领导管理决策分析的需要。数据仓库中的数据必须是从已有的数据源中抽取出来的，是已经存在的数据或对已经存在的数据进行加工处理而获得的。因此，数据仓库的设计开发又不同于一般意义上的原型法，数据仓库的设计是数据驱动的。

（二）数据仓库的三级数据模型

所谓数据模型，就是对现实世界进行抽象的工具，抽象的程度不同，也就形成了不同抽象级别层次上的数据模型。数据仓库与传统的联机事务处理（OLTP）数据库相类似，也存在着三级数据模型，即概念模型、逻辑模型和物理模型。

1. 概念模型

概念模型是从客观世界到机器世界的一个中间层次。人们首先将现实世界抽象为信息世界，然后将信息世界转化为机器世界。在信息世界中所采用的信息结构被称为概念模型。

概念模型最常用的表示方法是实体-联系法（E-R法），这种方法用E-R图作为它的描述工具。

E-R图具有良好的可操作性，形式简单，易于理解，便于与用户交流，对客观世界的描述能力也较强。由于现在的数据仓库一般建立在关系数据库的基础之上，因此，采用E-R图作为数据仓库的概念模型仍然是较为合适的。

2.逻辑模型

由于数据仓库一般建立在关系数据库的基础之上，因此，数据仓库的设计中所采用的逻辑模型就是关系模型，无论主题还是主题之间的联系都用关系来表示。

关系：一个二维表，每个关系可以有一个关系名。

元组：表中的一行。

属性：表中的一列，每一列可以起一个名字，即属性名。

主关键字：表中的某个属性组，它们的值可以唯一地标识一个元组。

域：属性的取值范围。

关系模式：对关系的描述，用一个关系名和一组属性名表示。

数据仓库的逻辑模型描述了数据仓库主题的逻辑实现，即每个主题所对应的关系表的关系模式的定义。

3.物理模型

数据仓库的物理模型是逻辑模型在数据仓库中的实现，如物理存取方式、数据存储结构、数据存放位置以及存储分配等。需要考虑的主要因素有I/O存取时间、空间利用率、维护代价以及一些常用的提高数据仓库性能的技术等。

粒度划分：数据仓库中数据单元的详细程度和级别。数据越详细，粒度越小，级别就越低，数据综合度越高；粒度越大，级别就越高。一般将数据划分为详细数据、轻度总结、高度总结或更多级粒度。粒度划分将直接影响数据仓库中的数据量以及所适合的查询类型。粒度划分是否适当是影响数据仓库性能的一个重要方面。

数据分割：把逻辑上统一为整体的数据分割成较小的、可以独立管理的数据单元进行存储，以便于重构、重组和恢复，以及提高创建索引和顺序扫描的效率。选择数据分割的因素有数据量的大小、数据分析处理的对象（主题）、简单易行的数据分割标准以及数据粒度的划分策略。

表的物理分割：将一个表的数据进行物理分割。可以根据每个主题中的各个属性的存取频率和稳定性程度的不同来进行表的物理分割。

合并表：在常见的一些分析处理操作中，可能需要执行多表连接操作。为了节省I/O开销，可以把这些表中的记录混合存放在一起，以降低表的连接操作的代价。

建立数据序列：按照数据的处理顺序调整数据的存放位置。

引入冗余：通过修改关系模式把某些属性复制到多个不同的主题表中。

（三）数据仓库设计步骤

数据仓库的设计是一个循环反复的过程，大体上可以分为概念模型设计、逻辑模型设计、物理模型设计、数据仓库生成、数据仓库运行与维护等步骤。

1.概念模型设计

概念模型设计所要完成的工作包括确定系统边界、确定主要的主题及其内容、OLAP（联机分析处理）设计。

（1）确定系统边界

虽然设计人员无法在数据仓库设计的初期就得到详细而明确的需求，但还是有一些方向性的需求摆在了他们面前：

①要做的决策类型有哪些？

②决策者感兴趣的是什么问题？

③这些问题需要什么样的信息？

④要得到这些信息需要包含哪些数据源？

（2）确定主要的主题及其内容

要确定系统所包含的主题，即数据仓库的分析对象，需要对每个主题的内容进行较明确的描述，具体包括以下内容：

①确定主题及其属性信息。在定义主题的属性信息时，需要描述每个属性的取值情况（是固定不变的，还是半固定的或经常变化的），以便在设计数据仓库的刷新策略时对不同类型的属性采用不同的刷新方法。

②确定主题的公共键。

③确定主题间的关系：确定主题间的联系及其属性。

设计好上述三个方面的内容后，就可以形成一个E-R图来表示数据仓库的概念模型。

（3）OLAP设计

根据用户的分析处理要求设计系统所采用的OLAP数据模型，如星形模式、雪花模式、数据立方体等。

2.逻辑模型设计

本阶段的主要任务是对每个当前要装载的主题的逻辑实现进行定义，并将相关内容记录在数据仓库的元数据中，具体包括以下内容：适当的粒度划分；合理的数据分割策略；适当的表划分；定义合适的数据来源等。

由于目前数据仓库系统的实现一般采用关系数据库系统,所以数据仓库的逻辑设计就是将在概念设计阶段得到的E-R图转换成关系模式。例如,与"商品"主题有关的信息可以用下面表的形式来实现。

(1)商品固有信息

商品表(商品号,商品名,类型,颜色,……)/*细节数据*/

(2)商品采购信息

采购表1(商品号,供应商号,供应日期,供应价,……)/*细节数据*/

采购表2(商品号,时间段1,采购总量,……)/*综合数据*/

……

采购表(商品号,时间段n,采购总量,……)

(3)商品销售信息

销售表1(商品号,顾客号,销售日期,售价,销售量,……)/*细节数据*/

销售表2(商品号,时间段1,销售总量,……)/*综合数据*/

……

销售表(商品号,时间段n,销售总量,……)

(4)商品库存信息

库存表1(商品号,库房号,库存量,日期,……)/*细节数据*/

库存表2(商品号,库房号,库存量,星期,……)/*样本数据*/

库存表3(商品号,库房号,库存量,月份,……)

……

库存表n(商品号,库房号,库存量,年份,……)

同时,也需要记录数据仓库中数据的来源,系统定义信息见表1-1。

表1-1 系统定义信息

主题名	属性名	数据源系统	源表名	源属性名
商品	商品号	库存子系统	商品	商品号
商品	商品名	库存子系统	商品	商品名

3.物理模型设计

该阶段的任务是确定数据仓库中数据的存储结构,确定索引策略,确定数据存放位置,确定存储分配。

4.数据仓库生成

根据数据仓库元数据中的定义信息,利用相关的数据抽取工具抽取并生成数据仓库中的数据,并将其加载到数据仓库中去,统计并生成OLAP数据。在这个阶段,可能也需要设计和编制一些数据抽取程序。

这一步的工作成果是数据已经装载到数据仓库中，可以在其上建立数据仓库的应用，如OLAP分析处理、数据挖掘、DSS应用等。

5.数据仓库运行与维护

这个阶段的任务是建立数据仓库的应用，并在应用过程中理解需求，改善和完善系统，维护数据仓库中的数据。

由于数据仓库主题具有不稳定性，因此数据仓库系统的建立与使用有一个稳定的过程，在应用过程中根据用户的反馈信息来修改与完善数据仓库。

在系统的运行过程中，随着数据源中数据的不断变化，需要通过数据刷新操作来维护数据仓库中数据的一致性，即重新生成数据仓库中的数据。

二、数据挖掘

（一）数据挖掘定义

数据挖掘又称为数据库中的知识发现（KDD），它起源于20世纪80年代初。机器学习和数据分析的理论及实践是数据挖掘研究的基础，极广泛的商业应用前景又是数据挖掘研究工作的巨大推动力。传统的数据库查询和统计只能提供给用户想要的信息，而数据挖掘技术则可以发现用户没有意识到的未知信息。

数据挖掘就是对数据库中蕴含的、未知的、非平凡的、有潜在应用价值的模式或规则的提取。

数据挖掘就是从大型数据库的数据中提取人们感兴趣的知识。这些知识是隐含的、事先未知的、潜在的有用信息。

因此数据挖掘必须包括以下三个因素。

第一，数据挖掘的本源：大量、完整的数据。

第二，数据挖掘的结果：知识、规则。

第三，结果的隐含性：因而需要一个挖掘过程。

人们应该是在一个大量的完整数据集中进行数据的挖掘工作，例如从一个没有同名的人群中可以抽取出关键字（即标识属性）"姓名"，但这显然不适合普遍情况。归纳结果应该是具有普遍性意义的规则，我们从一万条数据中找出的规律也应该能够适用于十万条、一百万条等的情况。而数据挖掘的目的则是用归纳出的规律来指导客观世界。

1.基本概念

模式（Pattern）：指用高级语言表示的表达一定逻辑含义的信息，这里通常指数据库中数据之间的逻辑关系。

知识（Knowledge）：满足用户兴趣度和置信度的模式。

置信度（Confidence）：知识在某一数据域上为真的量度。置信度涉及许多因素，如数据的完整性、样本数据的大小、领域知识的支持程度等。没有足够的确定性，模式不能成为知识。

兴趣度（Interestingness）：在一定数据域上为真的知识被用户关注的程度。

有效性（Effectiveness）：知识的发现过程必须能够有效地在计算机上实现。

2.数据挖掘的特点

①数据挖掘要处理大量的数据，它所处理的数据库的规模十分庞大，达到TB级，甚至更大。

②由于用户不能形成精确的查询要求，因此要依靠数据挖掘技术为用户找寻其可能感兴趣的东西。

③在商业投资等应用中，由于数据变化迅速，可能很快就会过时，因此要求数据挖掘能快速做出响应，提供决策支持信息。

④在数据挖掘中，规则的发现基于统计规律，因此，所发现的规则不必适用于所有数据，而是当达到某一"阈值"时，即认为具有此规则。由此，利用数据挖掘技术可能会发现大量的规则。

⑤数据挖掘所发现的规则是动态的，它只反映了当前状态的数据集合具有的规则，随着不断地向数据库或数据仓库中加入新数据，需要不断地更新规则。

（二）数据挖掘技术的应用研究现状

1.数据挖掘技术的商业应用价值

采用数据挖掘技术可以从大量的数据中发现对某种决策有价值的知识和规则。这些规则隐含了数据库中一组对象之间的特定关系，这些关系可能会揭示一些有用信息，从而为经营决策提供依据，提高市场竞争能力，产生巨大的经济效益。它在市场策略、决策支持、金融预测等方面都有广泛的应用。例如，在超级市场的销售数据库中，普通的数据库操作只能查到购买面包和牛油的顾客，通过报表统计工具可以发现销售量与时间和地区的关系。但数据挖掘技术还可以发现在购买面包的顾客中，大多数人还购买了牛油，因此，如果把这两者摆在同一个货架上，将会大大提高这两者的销售量。

在传统的决策支持系统中，数据挖掘技术是建立在数据库的基础上的，数据挖掘只是其中的一个部分，在这之前需要大量的数据查询和预处理。有了数据仓库技术，数据仓库中的数据都是经过抽取、整理和预处理后的综合数据，因而数据挖掘工作可以在数据仓库上直接运行。

2.通过数据挖掘技术可以发现的知识形式

普化（Summarization）知识：普化知识描述数据集的普遍性规律或一般性知识。它包括描述单个数据集特征的特征规则和区别不同数据集的差别规则。

关联规则（Association Rule）：关联规则形如$A_1 \wedge A_2 \wedge \cdots \wedge A_n \rightarrow B_1 \wedge B_2 \wedge \cdots \wedge B_n$，其中，$A_i$和$A_j$是属性值的集合。关联规则描述了数据库事务中数据对象之间的依赖关系。

分类（Classification）规则：分类知识是一个分类模型，它通过对测试数据集（已分类）进行分析而得。分类模型用于对类似数据集的分类，分类规则刻画了各类数据子集的特征。

聚类（Clustering）分析：聚类分析是按一定的距离或相似性测度将数据分成一系列相互区别的组，它与分类的不同之处在于不需要背景知识而直接发现一些有意义的结构和模式。

预测（Predication）分析：预测分析用于预测丢失或未知数据的可能取值，或者分析某个属性的取值分布。预测分析确定所选属性的相关属性，利用相似数据集在所选属性上取值的分布来预测选定数据集中该属性的取值分布。

3.代表性的数据挖掘技术

代表性的数据挖掘技术包括以下几种：

统计方法：统计方法有较强的理论基础，拥有大量的算法，但应用统计方法需要有领域知识和统计知识。

面向属性归约方法：能获得不同概念层次的知识，知识发现起点高，但属性域上的概念树必须预先给定，对数值型属性的处理较为困难。

数据立方方法：利用多维数据库发现普化知识，通常与统计方法相结合。

Rough集方法：Rough集方法被应用于不精确、不确定、不完全信息的分类分析和知识获取。

（三）数据挖掘主要技术

1.特征规则

特征规则是一种常见的知识形式，它用于描述一类数据对象的普遍特征，是普化知识的一种。特征规则的数据挖掘方法有两类，即"面向属性归约方法"和"数据立方方法"。

（1）面向属性归约方法

这是一种常用的特征规则的挖掘方法。它通过对属性值间概念的层次结构进行归约，以获得相关数据的概括性知识（通常又称为普化知识）。

在实际情况中，许多属性都可以进行数据归类，形成概念汇聚点。这些概念依抽象程度的不同可构成描述它们层次结构的概念树。

下面介绍几个相关的基本概念。

①概念层次树。概念层次树指某属性值所具有的从具体的概念值到概念类的层次关系树。概念层次树一般由用户提供或从领域知识中得到。

②归约。用属性概念层次树上高层的属性值去替代低层的属性值，又称为概念提升。例如，用"湖北"去代替"武汉"，用"江苏"去代替"南京"或"苏州"等。

③概括关系表。这是一张二维关系表，其属性是目标类中参与规则发现的属性，其最终元组数不大于用户指定的值。该表中的元组被称为宏元组。

一个宏元组概括了多个基本元组，并附加一个COUNT属性，用于表示该宏元组所概括的基本元组数。

（2）数据立方方法

数据立方方法是指预先做好某种经常需要用到但花费较高的统计、求和等集成计算，并将统计结果放在多维数据库中。

常用的归纳方法如下：

数据概括（Roll Up，上翻）：将属性值提高到较高层次。

数据细化（Drill Down，下翻）：将属性值减低一些层次。

优点是加快响应速度，能从不同层次上观察处理数据。

2.关联规则

关联规则用于表示OLTP数据库诸多事务中项集之间的关联程度，这一直是数据挖掘技术中的研究热点。

例如：在超级市场购买商品A和B的客户中有90%的人会同时购买商品C和D，则可用关联规则表示为AB→CD规则1。

支持度：购买A和B的客户人数占总客户数的百分比称为规则1的支持度。

置信度：同时购买A、B、C、D的客户人数占购买A和B的客户人数的百分比称为规则1的置信度。

关联规则发现问题的实质是在OLTP数据库中寻找满足用户给定的最小支持度和最小置信度的规则，即找出客观世界中事物之间的必然联系。这样的挖掘结果对商品的分类设计、商店布局、产品排放、市场分析均有指导意义。

我们可以利用前面的概念层次树的思想来发现关联规则。在较低概念层中发现的关联规则，由于其支持度较低，因而其数据挖掘（即规则发现）的意义不大，但可以在较高概念层中发现一些符合用户给定的最小支持度和最小置信度的有用规则。

3.序列模式分析法

序列模式分析法类似于关联规则分析法，也是为了找出数据对象之间的联系，但序列模式分析法的侧重点是找出数据对象之间的前因后果关系。例如：

下雨——洪涝

电筒——电池

4. 分类分析法

该方法首先为每一条记录打上一个标记，即按标记对记录进行分类。记录的分类标准可以是用户给定的，也可以从领域知识中获取，然后按类找出客观事物的规律。

例如，电话计费系统根据不同时间段电话的频率来调整计费单价。

5. 聚类分析法

该方法首先输入的是一组没有被标记的记录，系统按照一定的规则合理地划分记录集合（相当于给记录打标记，只不过分类标准不是用户指定的），然后采用分类分析法进行数据分析，并根据分析的结果重新对原来的记录集合（没有被标记的记录集合）进行划分，进而再一次进行分类分析，如此循环往复，直到获得满意的分析结果为止，如信用卡的等级划分。

（四）数据挖掘的过程

1. 数据预处理

现实世界中的应用数据存在着许多不一致数据、不完整数据和噪声数据，产生这种现象的原因是多方面的，例如，失效的数据收集操作、数据录入问题、数据录入过程中的误操作、数据转换问题、技术约束、命名冲突。因此在用户的应用数据集中会产生重复记录数据、不完整数据和数据不一致的现象。如果在这样的数据集上直接进行数据挖掘，获得的挖掘结果在正确性和置信度方面显然值得怀疑。因此，在执行数据挖掘操作之前，首先需要进行数据的预处理工作。

数据预处理包括四个阶段：数据清理、数据集成、数据转换和数据归约。

（1）数据清理（Data Cleaning）

数据清理包括三个方面的工作：填补丢失的数据（Fill in Missing Values）、清除噪声数据（Smooth out Noisy Data）、修正数据的不一致性（Correct Inconsistencies）。

解决数据丢失的常用方法：丢弃这些元组、手工录入属性值、用一个常量值来代替这些值（如NULL、Unknown等）、录入该属性的中间值、录入同一类元组在该属性上的平均值、录入最可能出现的值。

（2）数据集成（Data Integration）

数据分析操作需要有一个集成化的数据集合，这些数据来自多个数据源。

在系统的设计过程中会生成一些元数据（Metadata），数据集成工作则可以根据元数据中的信息来进行数据的抽取、转换和集成工作。

（3）数据转换（Data Transformation）

收集到的数据有时并不一定适合数据挖掘的需要，如已有的挖掘方法可能无法处理这些数据、存在一些不规则的数据，或者数据本身不够充分等，因此需要对收集到的数据进行转换。

（4）数据归约（Data Reduction）

有时用于数据挖掘的数据量是非常巨大的，通过数据归约技术可以减少数据量，提高数据挖掘操作的性能。如果在归约后的数据集上进行数据挖掘可以获得与原来一样或几乎一样的挖掘结果，就可以考虑采用一定的数据归约技术来减少数据量，提高数据挖掘的效率。

综上所述，通过数据清理、数据集成、数据转换和数据归约4个步骤，可以得到数据挖掘所需要的数据，缩小数据挖掘的范围，提高数据挖掘的质量和效率。数据准备阶段的工作也可以放到构造数据仓库的过程中去做，也就是利用建立好的数据仓库系统来直接进行数据挖掘工作。

2.挖掘

利用前面介绍的各种挖掘方法在集成好的数据集中进行数据挖掘。

3.结果展示

将数据挖掘所获得的结果以便于用户理解和观察的方式反映给用户，一般利用图形、表格等可视化工具。对不同范围、不同规模的数据集进行挖掘可能会得到不同的挖掘结果。

4.评价

如果用户对挖掘结果不满意，可以重复上述的数据预处理挖掘结果展示的过程，直到用户对挖掘结果满意为止。

（五）传统的数据库工具、联机分析处理与数据挖掘

数据挖掘、联机分析处理与传统的数据查询工具不同，它们都是分析型工具，两者既有联系，又有区别。

1.传统的数据库（DB）工具

传统的数据库工具（如数据查询、报表生成器等）都属于操作型工具，它们建立在操作型数据之上，主要是为了满足用户的日常信息提取之需。例如，去年在南京销售了多少辆轿车？这样的查询是直接的，用户不必了解查询的具体途径，但必须清楚问题的目的，查询的结果也是单一、确定的。

2.联机分析处理

OLAP是一种自上而下、不断深入的分析型工具。用户提出问题或假设，OLAP负责从

上至下深入地提取出关于该问题的详细信息，并以可视化的方式呈现给用户。

OLAP过程更多地依靠用户输入的问题和假设，但用户一般都有先入为主的局限性，因而会限制用户所提问题的深度和范围，最终影响分析结论。因此，作为一种验证型分析工具，OLAP对用户有着更高的要求，这也限制了它的应用层次。OLAP一般用于较浅的分析层次。

例如，去年中国的哪个城市销售的轿车数量最多？这样的问题中包含了太多的前提条件。例如，只考虑轿车的销售情况、按照城市来统计轿车的销售数量等。面对这样的问题，OLAP的过程可能是这样的：先按照城市统计每个城市去年的轿车销售数量，然后从中取出一个最大值，就会得到这个问题的答案。

3.数据挖掘

数据挖掘是一种挖掘型工具，它能够自动地发现隐藏在数据中的模式，从而做出一些预测性分析。数据挖掘与其他分析型工具的不同在于以下几方面：

①DM的分析过程是自动的。DM的用户不必提出确切的问题，就可以利用数据挖掘工具去挖掘隐藏在数据中的模式并预测未来的趋势，这样更有利于发现未知的事实。

②所发现的是隐藏的知识。DM所发现的是用户未知的或没有意识到的知识，在数据挖掘之前或挖掘过程中无法知道最终的挖掘结果是什么，随着时间的推移和数据集的变化，也可能得到不同的挖掘结果。

③可以发现更为复杂而细致的信息。DM可以发现OLAP所不能发现的更为复杂而细致的信息。

整个数据库或数据仓库系统的工具层可以分为三类：以MIS为代表的查询报表类工具、以OLAP为代表的验证型分析工具和以DM为代表的预测型分析工具。这三者是相辅相成的，利用MIS系统可以进行日常的事务性操作，利用OLAP工具可以对日常业务做出结论性及总结性分析，也可以利用DM工具做出预测性分析。三者分别服务于不同用户的应用需要，具有相同的原始数据来源。另外，OLAP工具还可以用来验证DM结果的正确性。

练习题

1.数据库体系结构有哪些？

2.简述DBMS的功能。

3.MySQL的可视化界面工具有哪些？

第二章 MySQL语言基础

本章导读

MySQL语言是一系列操作数据库及数据库对象的命令语句，因此使用MySQL数据库就必须掌握构成其基本语法和流程语句的语法要素，这主要包括常量、变量、关键词、运算符、函数、表达式和控制流语句等。而字符集是最基本的MySQL脚本组成部分，也是MySQL数据库对象的描述符号。

学习目标：

1. 了解 MySQL 的基本语法要素
2. 明白 MySQL 的数据类型
3. 掌握 MySQL 的运算符和表达式
4. 理解 MySQL 的常用函数

第一节　MySQL的基本语法要素

MySQL能够支持39种字符集和127个校对原则。本节着重介绍Latin1、UTF-8和GB2312字符集的用法，并学习掌握修改默认字符集的方法及在实际应用中如何选择合适的字符集，避免在向数据表中录入中文数据、查询包括中文字符的数据时，会出现类似"？"这样的乱码现象；同时也介绍常量、变量、标识符和关键词的使用。

一、字符集与标识符

（一）字符集及字符序概念

字符集（Character Set）：字符集定义了一组字符的编码方式。它决定了可以在数据库中存储和处理的字符的种类和范围。MySQL支持多种字符集，包括常见的UTF-8、Latin1、GBK等。每个字符集都有一个唯一的名称来标识它。例如，UTF-8字符集用于存储国际化字符，而Latin1字符集主要用于存储西欧字符。

字符序（Collation）：字符序定义了字符在排序和比较操作中的规则。它决定了字符的排序顺序和比较的结果。字符序依赖于所选的字符集。同一个字符集可以有不同的字符序。例如，UTF-8字符集可以有UTF8_GENERAL_CI（不区分大小写）和UTF8_BIN（区分大小写）等不同的字符序。

（二）字符序与常用字符集

UTF-8字符集：UTF-8是一种广泛使用的Unicode字符集编码方式，它支持全球范围内的字符。UTF-8字符集可以存储多种语言的字符，包括英文、中文、日文、韩文等。在MySQL中，UTF-8字符集通常以"utf8"命名。

常见的UTF-8字符序包括：

utf8_general_ci：不区分大小写，适用于一般排序和比较。

utf8_bin：区分大小写，适用于严格的排序和比较。

Latin1字符集：Latin1（也称为ISO 8859-1）是一种用于表示西欧语言字符的字符集。它包含了英文字母、数字和常见符号。在MySQL中，Latin1字符集通常以"latin1"命名。

常见的Latin1字符序包括：

latin1_general_ci：不区分大小写，适用于一般排序和比较。

latin1_bin：区分大小写，适用于严格的排序和比较。

GBK字符集：GBK是一种用于表示中文字符的字符集，它是GB2312字符集的扩展，支持更多的中文字符。在MySQL中，GBK字符集通常以"gbk"命名。

常见的GBK字符序包括：

gbk_chinese_ci：不区分大小写，适用于一般排序和比较。

gbk_bin：区分大小写，适用于严格的排序和比较。

这些是常见的字符集和字符序，但MySQL还支持其他字符集和字符序，如UTF8MB4、UTF16、UTF32等。在选择字符集和字符序时，需要根据应用程序的需求和支持的语言来确定合适的选项。同时，确保数据库、表和列使用一致的字符集和字符序可以避免数据处理和比较的问题。

（三）标识符和关键字

标识符（Identifier）：标识符用于表示数据库对象的名称，例如表名、列名、函数名等。标识符是由字母、数字和下划线组成的字符串，并且必须符合一些命名规则，如不能以数字开头、长度限制等。在MySQL中，标识符是区分大小写的，这意味着"my_table"和"MY_TABLE"被视为两个不同的标识符。

关键字（Keyword）：关键字是在MySQL中具有特殊含义的保留字，用于表示特定的操作、条件或对象。关键字在MySQL中具有固定的语法和用法，并且不能用作标识符。例如，SELECT、INSERT、UPDATE、DELETE等都是MySQL的关键字。

二、MySQL字符集的转换过程

图2-1是一个以图示形式表示MySQL中字符集转换过程的简化示意图。

```lua
+----------------+        +----------------+
|  原始字符集    |        |  目标字符集    |
|  (Charset1)    |        |  (Charset2)    |
+----------------+        +----------------+
        |                         |
        |                         |
        |                         |
        |         转换函数        |
        |------------------------>|
        |                         |
        |                         |
        |      转换后的字符/文本  |
        |<------------------------|
        |                         |
+----------------+        +----------------+
|  原始字符集    |        |  目标字符集    |
|  (Charset1)    |        |  (Charset2)    |
+----------------+        +----------------+
```

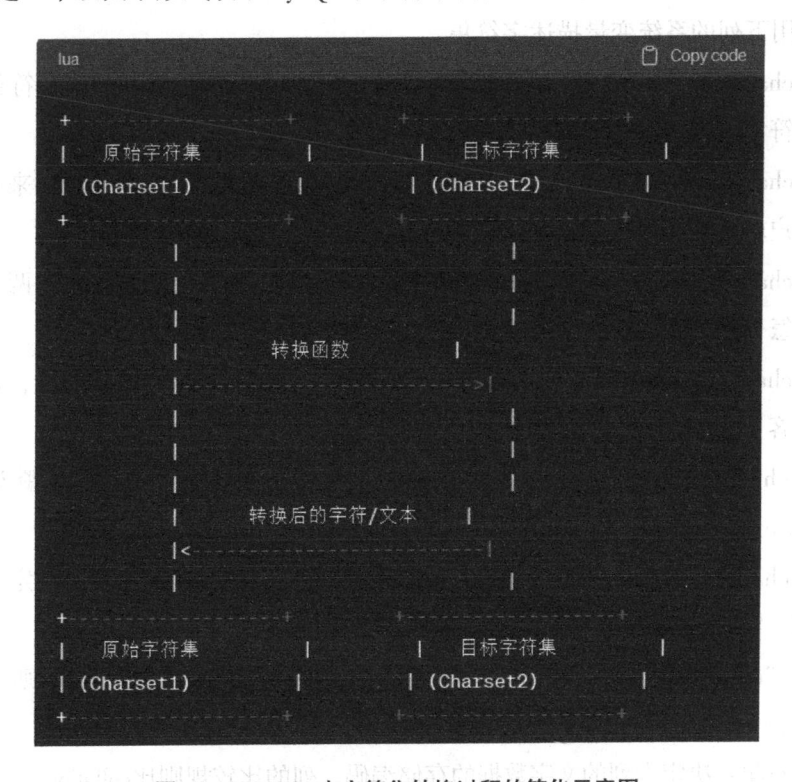

图2-1 MySQL中字符集转换过程的简化示意图

在这个示意图中，有两个字符集：原始字符集（Charset1）和目标字符集（Charset2）。转换过程涉及将原始字符集中的字符或文本转换为目标字符集。

转换过程如下：

将原始字符集的字符或文本作为输入。

使用MySQL的转换函数［如CONVERT（）或CAST（）］来执行字符集转换操作。

转换函数将字符或文本从原始字符集（Charset1）转换为目标字符集（Charset2）。

输出的是在目标字符集下的转换后的字符或文本。

请注意，字符集转换可能会导致数据丢失、乱码或不完全准确，特别是在不兼容的字符集之间进行转换时。因此，在进行字符集转换之前，请确保选择正确的目标字符集，并在转换后验证数据的正确性。

三、MySQL中的字符集层次设置

MySQL的字符集设置有4个层次，分别是服务器（Server）、数据库（Database）、表（Table）和连接（Connection）。

MySQL对于字符集的指定可以细化到一个数据库、一张表和一列，并可以细化到应该用什么字符集。

MySQL用下列的系统变量描述字符集。

第一，character_set_server和collation_server：这两个变量是服务器的字符集，默认的内部操作字符集。

第二，character_set_client：客户端来源数据使用的字符集，这个变量用来决定MySQL怎么解释客户端发到服务器的SQL命令文字。

第三，character_set_connection和collation_connection：连接层字符集。这两个变量用来决定MySQL怎么处理客户端发来的SQL命令。

第四，character_set_results：查询结果字符集。当SQL有结果返回的时候，这个变量用来决定发给客户端的结果中文字量的编码。

第五，character set database和collation_database：当前选中数据库的默认字符集。create database命令有两个参数可以用来设置数据库的字符集和比较规则。

第六，character_set_system：系统元数据的字符集，数据库、表和列的定义都是用的这个字符集。它有一个定值，是UTF-8。

对于以"collation_"开头的同上面对应的变量，用来描述字符集校对原则。

表的字符集：create table的参数里可以设置，为列的字符集提供默认值。

列的字符集：决定本列的文字数据的存储编码。列的比较规则比collation_connection高。

也就是说，MySQL会把SQL中的文字直接转成列的字符集后再与列的文字数据进行比较。

字符集的依附关系如图2-2所示。

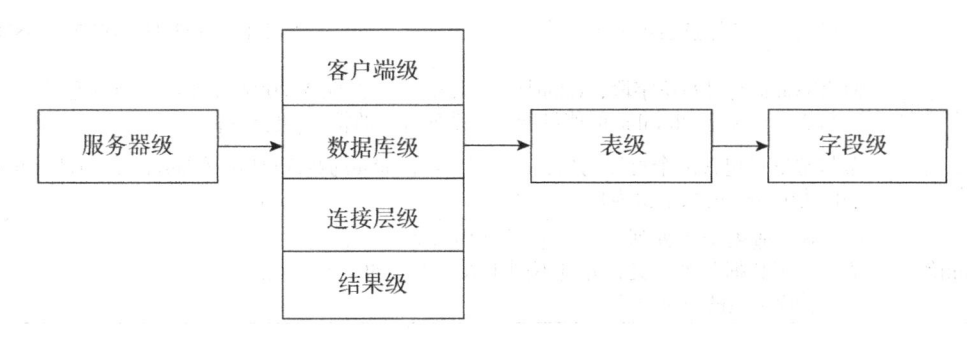

图2-2 字符集的依附关系

第一，MySQL默认的服务器级的字符集决定客户端、连接级和结果级的字符集。

第二，服务器级的字符集决定数据库、客户端、连接层和结果集的字符集。

第三，数据库的字符集决定表的字符集。

第四，表的字符集决定字段的字符集。

四、常量和变量

（一）常量

常量也称为文字值或标量值，是指某个过程中值始终不变的kt.MySQL的常量类型和用法，如表2-1所示。

表2-1 MySQL的常量类型和用法

常量类型	常量表示说明	用法示例
字符串	包括在单引号（'）或双引号（"）中，由字母（a~z；A~Z）、数字字符（0~9）以及特殊字符（如感叹号（！）、at符（@）和数字号（#））组成	'China' "Output X is；" 'hello'（Unicode字符串常量只能用单引号括起来）
十进制整型	使用不带小数点的十进制数据表示	1231、654、+2008、-123
十六进制整型	使用前缀0x后跟十六进制数字串表示	0xlF00.0xEEC、0X19
日期	使用单引号（'）将日期时间字符串括起来。MySQL是按年-月-日的顺序表示日期的。中间的间隔符可以用"-"也可以使用如"\"、"/"、"@"或"%"等特殊符号	'2018-01-03' '2018/01/09' '2017@12@10'

续表

常量类型	常量表示说明	用法示例
实型	有定点表示和浮点表示两种方式	897.1、-123.03、19E24、-83E2
位字段值	使用b'value'符号写位字段，value是一个用0和1写成的二进制值。直接显示b'value'的值可能是一系列特殊的符号	b'0'显示为空白，b'1'显示为一个笑脸图标
布尔	布尔常量只包含两个可能的值：true和false，false的数字值为0，true的数字值为1	获取true和false的值：select true, false
null值	null值可适用于各种列类型，它通常用来表示"没有值""无数据"等意义，并且不同于数字类型的"0"或字符串类型的空字符串	null

（二）变量

变量就是在某个过程中，其值是可以改变的量，可以利用变量存储程序执行过程中涉及的数据，如计算结果、用户输入的字符串以及对象的状态等。系统变量包括全局系统变量和会话系统变量两种类型。

第一，全局系统变量和会话系统变量的区别。全局系统变量在MySQL启动时由服务器自动将它们初始化为默认值，主要影响整个MySQL实例的全局设置，大部分全局系统变量都是作为MySQL的服务器调节参数存在的。对全局系统变量的修改会影响到整个服务器。会话系统变量在每次建立一个新的连接时，由MySQL来初始化，会话系统变量的定义是前面加一个@符号，随时定义和使用，会话结束就释放。即对会话系统变量的修改，只会影响到当前的会话，也就是当前的数据库连接。

第二，大多数的系统变量应用于其他SQL语句时，必须在名称前加两个@符号。例如：

　　select@@version, current date;

第三，显示系统变量清单的格式。

　　show[global|session]variables[like'字符串']

例如：查看字符"a"开头的系统变量命令如下：

　　show variables like'a%'

第四，修改系统变量的值。在MySQL中，有的系统变量的值是不能改变的，如@@version和系统日期，而有些系统变量是可以通过set语句来修改的，例如将全局系统变量sort_buffer size的值改为25 000：

　　set@@global.sort_buffer_size=25000;

再如：对于当前会话，把系统变量sql_select_limit的值设置为100：

　　set@@session, sql_select_limit=100;

该变量决定了select语句的结果集中的最大行数。执行如下命令可以显示：
select@@local.sql_select_limit;

也可以将一个系统变量值设置为MySQL默认值，可以使用default关键字。例如：
set@@local.sql_select_limit=default;

当然，用户也可以定义编程过程中自己需要的变量。

第二节　MySQL的数据类型

数据类型是数据的一种属性，其可以决定数据的存储格式、有效范围和相应的值范围限制。MySQL的数据类型包括字符串类型、整数类型、浮点数类型、定点数类型、日期和时间类型以及二进制类型。在MySQL中创建表时，需要考虑为字段选择哪种数据类型是最合适的。选择了合适的数据类型，会提高数据库的效率。

一、字符串类型

字符串类型是在数据库中存储字符串的数据类型。字符串类型包括char、varchar、text、enum和set。

字符串类型可以分为两类：普通的文本字符串类型（char和varchar）和特殊类型（set和enum）。它们之间都有一定的区别，取值的范围不同，应用的地方也不同。

（一）普通的文本字符串类型

char列的长度被固定为创建表所声明的长度，取值范围为0~255；varchar列的值是变长的字符串，取值和char一样。下面介绍普通的文本字符串类型，如表2-2所示。

表2-2　普通的文本字符串类型

类型	取值范围	说明
[national]char（m）[binary]ASCII[Unicode]	0~255个字符	固定长度为m的字符串，其中m的取值范围为0~255。National关键字指定了应该使用的默认字符集。Binary关键字指定了数据是否区分大小写（默认是区分大小写的）。ASCII关键字指定了在该列中使用Latin1字符集。Unicode关键字指定了使用UCS字符集

续表

类型	取值范围	说明
char	0~255个字符	char（m）
[national]varchar（m）[binary]	0~255个字符	长度可变，其他和char（m）类似

（2）特殊类型set和enum

特殊类型set和enum的介绍如表2-3所示。

表2-3　特殊类型enum和set的介绍

类型	最大值	说明
enum（"valuel"，"value2"，…）	65 535	该类型的列只可以容纳所列值之一或为null
set（"valuel"，"value2"，…）	64	该类型的列可以容纳一组值或为null

在创建表时，使用字符串类型时应遵循以下原则：

第一，从速度方面考虑，要选择固定的列，可以使用char类型。

第二，要节省空间，使用动态的列，可以使用varchar类型。

第三，要将列中的内容限制在一种选择内，可以使用enum类型。

第四，允许在一个列中有多于一个的条目，可以使用set类型。

第五，如果要搜索的内容不区分大小写，可以使用text类型。

二、数字类型

数字类型总体可以分成整数类型和小数类型两类，小数类型又可以分为浮点数类型和定点数类型。

（一）整数类型

整数类型是数据库中最基本的数据类型。标准SQL支持integer和smallint这两类整数类型。MySQL数据库除了支持这两种类型以外，还扩展支持了tinyint、mediumint和bigint。MySQL支持所有的ANSI/ISO SQL 92数字类型。这些类型包括准确数字的数据类型（numeric、decimal、integer和smallint），还包括近似数字的数据类型（float、real和double precision）。其中的关键词int是integer的同义词。整数类型详细内容如表2-4所示。

表2-4　整数类型

类型	取值范围	说明	单位
tinyint	符号值：-127~127；无符号值：0~255	最小的整数	1字节

续表

类型	取值范围	说明	单位
bit	符号值：-127~127；无符号值：0~255	最小的整数	1字节
bool	符号值：-127~127；无符号值：0~255	最小的整数	1字节
smallint	符号值：-32 768~32 767 无符号值：0~65 535	小型整数	2字节
mediumint	符号值：-8 388 608~8 388 607 无符号值：0~16 777 215	中型整数	3字节
int	符号值：-2 147 683 648~2 147 683 647 无符号值：0~4 294 967 295	标准整数	4字节
bigint	符号值：-9 223 372 036 854 775 808~9 223 372 036 854 775 807 无符号值：0~18 446 744 073 709 551 615	大整数	8字节

（二）小数类型

MySQL中使用浮点数类型和定点数类型来表示小数。浮点数类型包括单精度浮点数（float）和双精度浮点数（double）。定点数类型就是decimal，关键词dec是decimal的同义词。小数类型详细内容如表2-5所示。

表2-5 小数类型

类型	取值范围	说明	单位
float	符号值：-3.402823466E+38 ~ -1.175494351E-38 无符号值：0 和 1.175494351E-38 ~ 3.402823466E+38	单精度浮点数	4字节
double	符号值：-1.7976931348623157E+308 ~ -2.2250738585072014E-308 无符号值：0 和 2.2250738585072014E-308 ~ 1.7976931348623157E+308	双精度浮点数	8字节
decimal	可变	定点小数	自定义长度

在创建表时，使用哪种数字类型，应遵循以下原则：

第一，选择最小的可用类型，如果值永远不超过127，则使用tinyint比int强。

第二，对于完全都是数字的，可以选择整数类型。

第三，浮点数类型用于可能具有小数部分的数，例如货物单价、网上购物交付金额等。

三、日期和时间类型

日期与时间类型是为了方便在数据库中存储日期和时间而设计的。MySQL中有多种表示日期和时间的数据类型。其中，year类型表示年份；date类型表示日期；time类型表示时间；datetime和timestamp表示日期和时间。其中的每种类型都有其取值的范围，如赋予它一个不合法的值，将会被"0"代替。下面介绍日期和时间类型，如表2-6所示。

表2-6 日期和时间类型

类型	取值范围	说明
date	1000-01-01～9999-12-31	日期，格式YYYY-MM-DD
time	-838：59：59～838：59：59	时间，格式HH：MM：SS
datetime	1000-01-01 00：00：00～ 9999-12-31 23：59：59	日期和时间，格式YYYY-MM-DD HH：MM：SS
timestamp	1970-01-01 00：00：00～ 2038年的某个时间	时间标签，在处理报告时使用显示格式取决于M的值
year	1901～2155	年份可指定两位数字和四位数字的格式

四、二进制类型

二进制类型是在数据库中存储二进制数据的类型。二进制类型包括binary、varbinary、bit、tinyblob、blob、mediumblob和longblob类型。tinytext、longtext和text等适合存储长文本的类型，也放在这里介绍。

其中，text和blob类型的大小可以改变，text类型适合存储长文本，而blob类型适合存储二进制数据，支持任何数据，例如文本、声音和图像等。text和blob类型如表2-7所示。

表2-7 text和blob类型

类型	最大长度（字节数）	说明
tinyblob	2^8-1（225）	小blob字段
tinytext	2^8-1（225）	小text字段
blob	$2^{16}-1$（65 535）	常规blob字段
text	$2^{16}-1$（65 535）	常规text字段
mediumblob	$2^{24}-1$（16 777 215）	中型blob字段
mediumtext	$2^{24}-1$（16 777 215）	中型text字段
longblob	$2^{32}-1$（4 294 967 295）	长blob字段
longtext	$2^{32}-1$（4 294 967 295）	长text字段

第三节　MySQL的运算符和表达式

运算符是用来连接表达式中各个操作数的符号，其作用是指明对操作数所进行的运算。MySQL数据库通过使用运算符，不但可以使数据库的功能更加强大，而且可以更加灵活地使用表中的数据。MySQL运算符包括4类，分别是算术运算符、比较运算符、逻辑运算符和位运算符。

需要说明的是：MySQL中的select语句具有输出功能，能够显示函数和表达式的值。

一、算术运算符

算术运算符是MySQL中最常用的一类运算符。MySQL支持的算术运算符有加、减、乘、除、求余。下面列出算术运算符的符号和作用，如表2-8所示。

表2-8　算术运算符

符号	作用	符号	作用
+	加法运算	%	求余运算
-	减法运算	div	除法运算，返回商，同"/"
*	乘法运算	mod	求余运算，返回余数.同"%"
/	除法运算		

加（+）、减（-）和乘（*）可以同时运算多个操作数。除号（/）和求余运算符（%）也可以同时计算多个操作数，但是这两个符号计算多个操作数不太好。div和mod这两个运算符只有两个参数，进行除法和求余的运算时，除以零的除法是不允许的，MySQL会返回null。运算符div的运算结果是整数。

二、比较运算符

比较运算符是查询数据时最常用的一类运算符。select语句中的条件语句经常要使用比较运算符。通过这些比较运算符，我们可以判断表中的哪些记录是符合条件的。比较运算符的符号、作用和应用示例如表2-9所示。

表2-9 比较运算符

符号	作用	应用示例	符号	作用	应用示例
=	等于	Id=5	is not null	非空	Id is not null
>	大于	Id>5	between	区间比较	Id between 1 and 15
<	小于	Id<5	in	属于	Id in（3，4，5）
>=	大于或等于	Id>=5	not in	不属于	Name not in（shi，li）
<=	小于或等于	Id<=5	like	模式匹配	Name like（'shi%'）
!=或<>	不等于	Id!=5	not like	模式匹配	Name not like（'shi%'）
is null	空	Id is null	regexp	常规表达式	Name regexp正则表达式

下面对几种较常用的比较运算符进行详解。

①等于（Equal to）：用于比较两个值是否相等。在MySQL中，等于运算符使用"="表示。例如：

SELECT * FROM my_table WHERE column1 = 'value';

②不等于（Not equal to）：用于比较两个值是否不相等。在MySQL中，不等于运算符使用"!="或"<>"表示。例如：

SELECT * FROM my_table WHERE column1 != 'value';

SELECT * FROM my_table WHERE column1 <> 'value';

③大于（Greater than）：用于比较一个值是否大于另一个值。在MySQL中，大于运算符使用">"表示。例如：

SELECT * FROM my_table WHERE column1 > 10;

④小于（Less than）：用于比较一个值是否小于另一个值。在MySQL中，小于运算符使用"<"表示。例如：

SELECT * FROM my_table WHERE column1 < 10;

⑤大于等于（Greater than or equal to）：用于比较一个值是否大于或等于另一个值。在MySQL中，大于等于运算符使用">="表示。例如：

SELECT * FROM my_table WHERE column1 >= 10;

⑥小于等于（Less than or equal to）：用于比较一个值是否小于或等于另一个值。在MySQL中，小于等于运算符使用"<="表示。例如：

SELECT * FROM my_table WHERE column1 <= 10;

⑦模糊匹配（Like）：用于在字符串中进行模糊匹配。LIKE运算符使用通配符来表示模式匹配。通配符有两种形式：

百分号（%）：表示零个或多个字符。

下划线（_）：表示一个任意字符。

例如，查找以"abc"开头的字符串：

SELECT * FROM my_table WHERE column1 LIKE 'abc%';
或者查找以"a"开头、以"b"结尾的两个字符的字符串：
SELECT * FROM my_table WHERE column1 LIKE 'a_b';

三、逻辑运算符

逻辑运算符用来判断表达式的真假。如果表达式是真，结果返回1。如果表达式是假，结果返回0。逻辑运算符又称为布尔运算符。MySQL中支持4种逻辑运算符，分别是与、或、非和异或。下面是4种逻辑运算符的符号及作用，如表2-10所示。

表2-10 逻辑运算符

逻辑运算符	作用	逻辑运算符	作用
&&或and	与	!或not	非
‖或or	或	xor	异或

（一）与运算

逻辑与运算用于查询语句中组合多个条件，并且要求所有条件都满足才返回结果。以下是逻辑与运算的规则：

如果所有条件都为真（非零、非空），则结果为真（1）。

如果存在任何一个条件为假（为0），则结果为假（0）。

如果存在一个条件为NULL，并且没有条件为0，则结果为NULL。

下面是一个使用逻辑与运算符"AND"的示例：

SELECT * FROM my_table WHERE condition1 AND condition2 AND condition3;

在这个示例中，"condition1""condition2"和"condition3"是要进行逻辑与运算的条件。只有当所有条件都为真时，查询结果才会返回。

逻辑与运算在查询语句中非常常见，用于构建复杂的筛选条件。它允许您通过组合多个条件来过滤出满足所有条件的记录。

（二）或运算

逻辑或运算用于查询语句中组合多个条件，并且只要有一个条件满足就返回结果。以下是逻辑或运算的规则：

如果任何一个条件为真（非零、非空），则结果为真（1）。

如果所有条件都为假（为0），则结果为假（0）。

如果存在一个条件为NULL，并且没有条件为真（非零、非空），则结果为NULL。

下面是一个使用逻辑或运算符"OR"的示例：

SELECT * FROM my_table WHERE condition1 OR condition2 OR condition3;

在这个示例中，"condition1""condition2"和"condition3"是要进行逻辑或运算的条件。只要有任何一个条件为真，查询结果就会返回。

逻辑或运算允许您在查询中使用多个条件，并且只要有一个条件满足，就会返回结果。这对于构建灵活的查询条件非常有用，使您能够获取满足其中一个条件的记录。

（三）非运算

逻辑非运算用于取反给定条件的结果。以下是逻辑非运算的规则：

如果条件为真（非零、非空），则结果为假（0）。

如果条件为假（为0），则结果为真（1）。

如果条件为NULL，则结果也为NULL。

下面是使用逻辑非运算符的示例：

SELECT * FROM my_table WHERE NOT condition;

或者使用逻辑非运算符"!"的示例：

SELECT * FROM my_table WHERE !condition;

在这个示例中，"condition"是要进行逻辑非运算的条件。如果条件为真，则查询结果返回假（0）；如果条件为假，则查询结果返回真（1）。

逻辑非运算允许您对给定的条件结果进行取反，可以用于构建排除特定条件的查询或筛选操作。

（四）异或运算

异或运算的规则如下：

如果两个条件中有且仅有一个条件为真（非零、非空），则结果为真（1）。

如果两个条件都为假（为0）或都为真，则结果为假（0）。

下面是一种使用逻辑与、逻辑或和逻辑非运算实现异或运算的方法：

SELECT * FROM my_table WHERE (condition1 OR condition2) AND NOT (condition1 AND condition2);

在这个示例中，"condition1"和"condition2"是要进行异或运算的两个条件。使用逻辑或运算符"OR"将两个条件组合在一起，然后使用逻辑与运算符"AND"和逻辑非运算符"NOT"对结果进行进一步处理，以实现异或运算的效果。

请注意，这只是一种模拟异或运算的方法，需要根据具体的需求和条件来适配。如果在实际的查询中需要使用异或运算,请根据具体的数据库和数据类型,结合其他函数和运算符,进行适当的转换和处理。

四、位运算符

位运算符是在二进制数上进行计算的运算符。位运算会先将操作数变成二进制数,再进行位运算。然后再将计算结果从二进制数变回十进制数。MySQL中支持6种位运算符,分别是:按位与、按位或、按位取反、按位异或、按位左移和按位右移。6种位运算符的符号及作用如表2-11所示。

表2-11 位运算符

符号	作用
&	按位与。进行该运算时,数据库系统会先将十进制的数转换为二进制的数。然后对应操作数的每个二进制位上进行与运算。1和1相与得1,与0相与得0。运算完成后再将二进制数变回十进制数
|	按位或。将操作数化为二进制数后,每位都进行或运算。1和任何数进行或运算的结果都是1,0与0或运算结果为0
~	按位取反。将操作数化为二进制数后,每位都进行取反运算。1取反后变成0,0取反后变成1
^	按位异或。将操作数化为二进制数后,每位都进行异或运算。相同的数异或之后结果是0,不同的数异或之后结果为1
<<	按位左移。"m<<n"表示m的二进制数向左移n位,右边补上n个0。例如,二进制数001左移1位后将变成0010
>>	按位右移。"m>>n"表示m的二进制数向右移n位,左边补上n个0。例如,二进制数011右移1位后变成001,最后一个1直接被移出

五、表达式和运算符的优先级

(一)表达式

在SQL语言中,表达式就是常量、变量、列名、复杂计算、运算符和函数的组合。一个表达式通常都有返回值。与常量和变量一样,表达式的值也具有某种数据类型。根据表达式值的类型,表达式可分为字符型表达式、数值型表达式和日期型表达式。

(二)运算符的优先级

当一个复杂的表达式有多个运算符时,运算符优先级决定执行运算的先后次序。在一个表达式中按先高(优先级数字小)后低(优先级数字大)的顺序进行运算。MySQL运算符优先级如表2-12所示。按照从高到低、从左到右的级别进行运算操作。如果优先级相同，则表达式左边的运算符先运算。

表2-12　MySQL运算符的优先级

优先级	运算符
1	!
2	~
3	^
4	*，/，div，%，mod
5	+，-
6	>>，<<
7	&
8	|
9	=，<=>，<，<=，>，>=，!=，<>，in，is，null，like，regexp
10	between and，case，when，then，else
11	not
12	&&，and
13	||，or，xor
14	:=（赋值号）

第四节　MySQL的常用函数

MySQL数据库中提供了很丰富的函数。这些内部函数可以帮助用户更加方便地处理表中的数据。MySQL函数包括字符串函数、数学函数、日期和时间函数、聚合函数、条件判断函数等。

一、字符串函数

CONCAT（）：用于连接多个字符串。例如，SELECT CONCAT（first_name，' '，last_name）AS full_name FROM employees；将名字的姓和名连接起来生成完整的姓名。

SUBSTRING（）：用于提取子字符串。例如，SELECT SUBSTRING（description，1，

10）AS short_description FROM products；将从字符串中提取前10个字符作为短描述。

UPPER（）：将字符串转换为大写。例如，SELECT UPPER（username） FROM users；将用户名转换为大写。

LOWER（）：将字符串转换为小写。例如，SELECT LOWER（email） FROM users；将电子邮件地址转换为小写。

LENGTH（）：返回字符串的长度。例如，SELECT LENGTH（title） FROM articles；将返回文章标题的字符数。

TRIM（）：去除字符串两端的空格。例如，SELECT TRIM（name） FROM customers；将去除顾客名字两端的空格。

REPLACE（）：替换字符串中的指定字符。例如，SELECT REPLACE（description，'old'，'new'） FROM products；将在描述中把所有的'old'替换为'new'。

LIKE：用于模糊匹配字符串。例如，SELECT * FROM products WHERE name LIKE '%apple%'；将匹配包含'apple'的产品名称。

二、数学函数

ROUND（）：四舍五入为指定的小数位数。例如，SELECT ROUND（price，2） FROM products；将产品价格四舍五入到2位小数。

CEILING（）：向上取整。例如，SELECT CEILING（quantity） FROM inventory；将向上取整库存数量。

FLOOR（）：向下取整。例如，SELECT FLOOR（amount） FROM transactions；将向下取整交易金额。

ABS（）：返回绝对值。例如，SELECT ABS（balance） FROM accounts；将返回账户余额的绝对值。

MOD（）：取模运算。例如，SELECT MOD（quantity，10） FROM products；将计算产品数量除以10的余数。

三、日期和时间函数

NOW（）：返回当前日期和时间。例如，SELECT NOW（）；将返回当前日期和时间。

CURDATE（）：返回当前日期。例如，SELECT CURDATE（）；将返回当前日期。

CURTIME（）：返回当前时间。例如，SELECT CURTIME（）；将返回当前时间。

DATE()：提取日期部分。例如，SELECT DATE（order_date）FROM orders；将提取订单日期的日期部分。

TIME()：提取时间部分。例如，SELECTTIME（order_time）FROM orders；将提取订单时间的时间部分。

DATEDIFF()：计算日期之间的天数差。例如，SELECT DATEDIFF（end_date，start_date）AS days_diff FROM tasks；将计算任务的结束日期和开始日期之间的天数差。

DATE_FORMAT()：按指定格式格式化日期。例如，SELECT DATE_FORMAT（create_date，'%Y-%m-%d'）AS formatted_date FROM records；将以"年-月-日"的格式返回创建日期。

四、聚合函数

COUNT()：计算行数或非空值的数量。例如，SELECT COUNT（*）FROM products；将返回产品表中的总行数。

SUM()：计算列的总和。例如，SELECT SUM（price）FROM sales；将计算销售额的总和。

AVG()：计算列的平均值。例如，SELECT AVG（rating）FROM reviews；将计算评分的平均值。

MIN()：找出最小值。例如，SELECT MIN（price）FROM products；将找出产品价格的最低值。

MAX()：找出最大值。例如，SELECT MAX（quantity）FROM inventory；将找出库存数量的最大值。

五、条件判断函数

IF()：根据条件返回不同的值。例如，SELECT IF（quantity > 0，'In Stock'，'Out of Stock'）FROM products；将根据产品数量返回不同的库存状态。

CASE：在查询中实现条件逻辑。例如：
```
SELECT
    product_id,
    CASE
        WHEN quantity > 0 THEN 'In Stock'
        WHEN quantity = 0 THEN 'Out of Stock'
```

ELSE 'Discontinued'
END AS stock_status FROM products;

将根据产品数量返回不同的库存状态。

这些是MySQL中一些常用的函数。它们在数据处理、计算和转换方面非常有用，可以帮助我们更灵活地操作和查询数据。熟悉和掌握这些函数，我们可以在MySQL中更有效地处理和操作数据。请注意，函数的具体使用方式和参数可能会根据实际需求和数据结构而有所变化，建议参考MySQL官方文档以获取更详细的函数说明和示例。

练习题

1. MySQL的基本语法要素有哪些？
2. 简述MySQL的数据类型。
3. MySQL的常用函数有哪几种？

第三章
创建与管理数据库

本章导读

　　数据库是按照数据结构来组织、存储和管理数据的仓库,是存储在一起的相关数据的集合。数据库是一个专门存储数据对象的容器,这些对象包括表、视图、索引、函数、存储过程、触发器等。其中,表是最基本的数据对象,是存放数据的实体。每一个数据库都有唯一的名称,数据库命名应具有实际意义并且遵循命名规则,这样可以帮助使用者清楚地知道每个数据库用来存放什么数据。MySQL数据库包括系统数据库和自定义数据库,系统数据库是在安装MySQL后系统自带的数据库;自定义数据库是由用户定义创建的数据库。

学习目标:

1. 理解 MySQL 数据库的构成和数据库对象
2. 了解 MySQL 系统数据库和实例数据库
3. 掌握 MySQL 数据库的创建方法
4. 掌握 MySQL 数据库创建、修改、删除的操作方法
5. 熟悉每种数据备份与数据恢复的使用

第一节　MySQL数据库简介

数据库是数据库对象的容器，不仅可以存储数据，还能够使数据存储和检索以安全可靠的方式进行，并以操作系统文件的形式存储在磁盘上。数据库对象是存储、管理和使用数据的不同结构形式。

一、数据库的构成

MySQL数据库主要分为系统数据库、示例数据库和用户数据库。

（一）系统数据库

系统数据库是指随安装程序一起安装，用于协助MySQL系统共同完成管理操作的数据库，它们是MySQL运行的基础。系统数据库中记录了一些必需的信息，用户不能直接进行修改，也不能在系统数据库表上定义触发器。

1.sys数据库

sys数据库包含了一系列的存储过程、自定义函数以及视图，可以帮助用户快速了解系统的元数据信息。sys数据库还结合了information_schema和performance_schema的相关数据，让用户更加容易地检索元数据。

2.information_schema数据库

information_schema数据库类似"数据字典"，提供了访问数据库元数据的方式。元数据是关于数据的数据，如数据库名、数据表名、列的数据类型及访问权限等。

3.performance_schema数据库

performance_schema数据库主要用于收集数据库服务器性能参数。MySQL用户不能创建存储引擎为performance_schema的表。performance_schema具有以下功能：

①提供进程等待的详细信息，包括锁、互斥变量、文件信息；

②保存历史事件的汇总信息，为提高MySQL服务器性能做出详细的判断；

③易于增加或删除监控事件点，并可随意改变MySQL服务器的监控周期，如CY-CLE、MICROSECOND。

4.mysql数据库

mysql数据库是MySQL的核心数据库,它记录了用户及其访问权限等MySQL所需的控制和管理信息。如果该数据库被损坏,MySQL将无法正常工作。

(二)示例数据库

示例数据库是系统为了让用户学习和理解MySQL而设计的。sakila和world示例数据库是完整的示例,具有更接近实际的数据容量、复杂的结构和部件,可以用来展示MySQL的功能。

(三)用户数据库

用户数据库是用户根据数据库设计创建的数据库,如教务管理系统数据库(D_eams)、图书管理系统数据库(Dlms)等。

二、数据库文件

数据库管理的核心任务包括创建、操作和支持数据库。在MySQL中,每个数据库都对应存放在一个与数据库同名的文件夹中。MySQL数据库文件有".FRM"".MYD"和".MYT"三种。其中".FRM"是描述表结构的文件,".MYD"是表的数据文件,".MYT"是表数据文件中的索引文件,它们都存放在与数据库同名的文件夹中。数据库的默认存放位置是"C:\ProgramData \MySQL\MySQL Server5.7\Data\",也可通过配置向导或手工配置修改数据库的默认存放位置。

三、数据库对象

MySQL数据库中的数据在逻辑上被组织成一系列数据库对象,包括表、视图、索引、存储过程和触发器、用户和角色。

(一)表

表是MySQL中最基本、最重要的对象,是关系模型中实体的表示方式,用于组织和存储具有行列结构的数据对象。行是组织数据的单位,列是用于描述数据的属性,每一行都表示一条完整的信息记录,而每一列表示记录中相同的元素属性值。由于数据库中的其他对象都依赖于表,因此表也称基本表。

（二）视图

视图是一种常用的数据库对象，它为用户提供了一种查看数据库中数据的方式，其内容由查询需求定义。视图是一个虚表，与表非常相似，也是由字段与记录组成的。与表不同的是，视图本身并不存储实际数据，它是基于表存在的。

（三）索引

索引是为提高数据检索的性能而建立的，利用它可以快速地确定指定的信息。索引包含由表或视图中的一列或多列生成的键，这些键存储在一个结构（B树）中，使MySQL可以快速有效地查找与键值关联的行。

（四）存储过程和触发器

存储过程和触发器是两个特殊的数据库对象。在MySQL中，存储过程的存在独立于表，而触发器则与表紧密结合。用户既可以使用存储过程来完善应用程序，使应用程序的运行更加有效率；也可以使用触发器来实现复杂的业务规则，更加有效地实施数据完整性。

（五）用户和角色

用户是对数据库有存取权限的使用者，角色是指一组数据库用户的集合。数据库中的用户可以根据需要添加，用户如果被加入某一角色，则将具有该角色的所有权限。

四、数据库对象的标识符

数据库对象的标识符指数据库中由用户定义的、可唯一标识数据库对象的有意义的字符序列。标识符必须遵守以下规则：

①可以包含来自当前字符集的数字、字母、字符"_"和"$"；

②可以以一个标识符中合法的任何字符开头，也可以以一个数字开头，但是不能全部由数字组成；

③标识符最长可为64个字符，而别名最长可为256个字符；

④数据库名和表名在UNIX操作系统上区分大小写，而在Windows操作系统上忽略大小写；

⑤不能使用MySQL关键字作为数据库名和表名；

⑥不允许包含特殊字符，如"、""/"或"\"。

如果使用的标识符是一个关键字或包含特殊字符，必须使用反引号"'"加以界定。

例3-1：

create table' select'
（' char -colum' char（8），
my/score' int
）；

第二节　管理数据库

现在主流的数据库管理系统既可以使用图形用户界面管理数据库，也可以使用SQL语句管理数据库。MySQL主要使用这两种方法创建数据库：一是使用图形化管理工具MySQL Workbench创建数据库，此方法简单、直观，以图形化方式完成数据库的创建和数据库属性的设置；二是使用SQL语句创建数据库，此方法可以保存创建数据库的脚本，在其他计算机上运行，以创建相同的数据库。

一、创建数据库

创建用户数据库的SOL语句是CREATE DATABASE语句，其语法格式如下。

CREATE{DATABASE ISCHEMA}[IF NOT EXISTS]<数据库文件名>

[选项]；

说明：

①语句中"[ ]"内为可选项；

②IF NOT EXISTS在创建数据库前加上一个判断，只有该数据库不存在时才执行CREATE DATABASE操作；

③选项用于描述字符集和校对规则等选项。设置字符集或校对规则的语法格式如下。

[DEFAULT]CHARACTER SET[=]字符集

[DEFAULT]COLLATE[=]校对规则名

例3-2：创建名为D_sample的数据库。

SQL语句如下：

create database D_sample;

在MySQL命令行工具中输入以上SQL语句，执行结果如图3-1所示。

```
mysql> create database D_sample;
Query OK, 1 row affected (0.01 sec)
```

图3-1　创建数据库D_sample

例3-3：为避免因重复创建时系统显示错误信息，使用IF NOT EXISTS选项创建名为D_sample的数据库。

SQL语句如下。

create database if not exists D_sample;

在MySQL命令行工具中输入以上SQL语句，执行结果如图3-2所示。

```
mysql> create database if not exists D_sample;
Query OK, 1 row affected, 1 warning (0.00 sec)
```

图3-2　使用IF NOT EXISTS选项创建数据库

二、查看已有的数据库

对于已有的数据库，可以使用MySQL Workbench和SQL语句进行查看。使用SHOW DATABASES语句显示服务器中所有可以使用的数据库的信息，其格式如下：

SHOW DATABASES;

例3-4：查看所有可以使用数据库的信息。

SQL语句如下：

show databases;

显示信息如图3-3所示。

USE<数据库文件名>;

```
mysql> show databases;
+--------------------+
| Database           |
+--------------------+
| information_schema |
| d_sample           |
| mysql              |
| performance_schema |
| sys                |
+--------------------+
5 rows in set (0.00 sec)
```

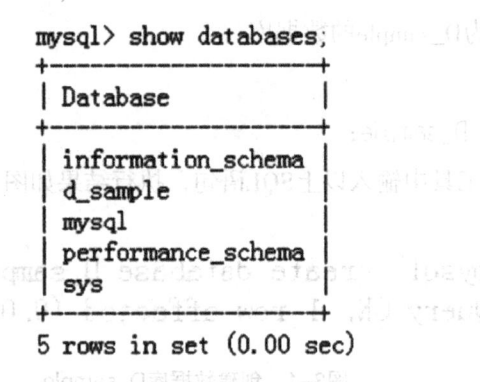

图3-3　查看已有数据库的信息

三、打开数据库

当用户登录MySQL服务器连接MySQL后，需要连接MySQL服务器中的一个数据库，才能对该数据库进行操作。使用该数据库中的数据时，用户一般需要指定连接MySQL服务器中的哪个数据库，或者从一个数据库切换至另一个数据库。利用USE语句打开或切换至指定的数据库的语法格式如下：

例3-5：打开数据库D_sample。

SQL语句如下：

use D_sample;

在MySQL命令行工具中输入以上SQL语句，执行结果如图3-4所示。

```
mysql> use D_sample;
Database changed
```

图3-4　打开数据库D_sample

四、修改数据库

修改数据库主要是修改数据库参数，使用ALTER DATABASE语句来实现修改数据库。

其语法格式如下：

ALTER{DATABASE ISCHEMA}[数据库文件名]

[选项];

说明：

①数据库文件名为可选项，当不选择数据库文件名时，则修改当前数据库；

②修改数据库的选项和创建数据库的选项相同。

例3-6：修改数据库D_sample的默认字符集和校对规则。

SQL语句如下：

alter database D_sample

default character set =gbk

default collate =gbk_chinese_ci;

执行结果如图3-5所示。

```
mysql> alter database D_sample
    -> default character set=gbk
    -> default collate=gbk_chinese_ci;
Query OK, 1 row affected (0.00 sec)
```

图3-5　修改数据库D_sample

五、删除数据库

使用DROP DATABASE语句删除已经创建的数据库来释放被占用的磁盘空间和系统资源，其语法格式如下：

DROP DATABASE[IF EXISTS]<数据库文件名>；

例3-7：删除数据库D_sample。

SQL语句如下：

drop database D_sample。

执行结果如图3-6所示。

使用DROP DATABASE命令时，还可以使用IF EXISTS子句，以避免删除不存在的数据库时出现MySQL提示信息。

```
mysql> drop database D_sample;
Query OK, 0 rows affected (0.01 sec)
```

图3-6　删除数据库D_sample

六、使用MySQL Workbench管理数据库

创建和管理数据库除了使用SQL语句方式外,还可以使用MySQL Workbench图形化管理工具创建和管理数据库。MySQL Workbench方式使用图形化的界面来提示操作,是最简单也是最直接的方法,非常适合初学者。

1.使用MySQL Workbench创建数据库

创建数据库D_samplel的具体操作步骤如下:

①在菜单栏中执行"开始"→"所有程序"→"MySQL"→"MySQL Workbench 6.3CE"命令,启动MySQL Workbench;

②在菜单栏"Database"中选择"Connect to Database"项,打开"Connect to Database"窗口,如图3-7所示,输入密码,单击"OK"按钮完成数据库连接;

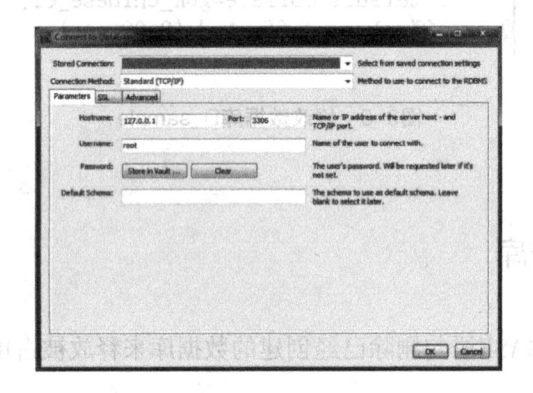

图3-7 连接数据库窗口

③在打开的窗口中,单击工具栏上的日图标,在"Name"文本框中输入数据库名称"D_samplel",如图3-8所示;

图3-8 创建数据库窗口

④单击"Apply"按钮,在打开的"Apply SQL Script to Database"窗口中显示创建数据库的SQL脚本,如图3-9所示;

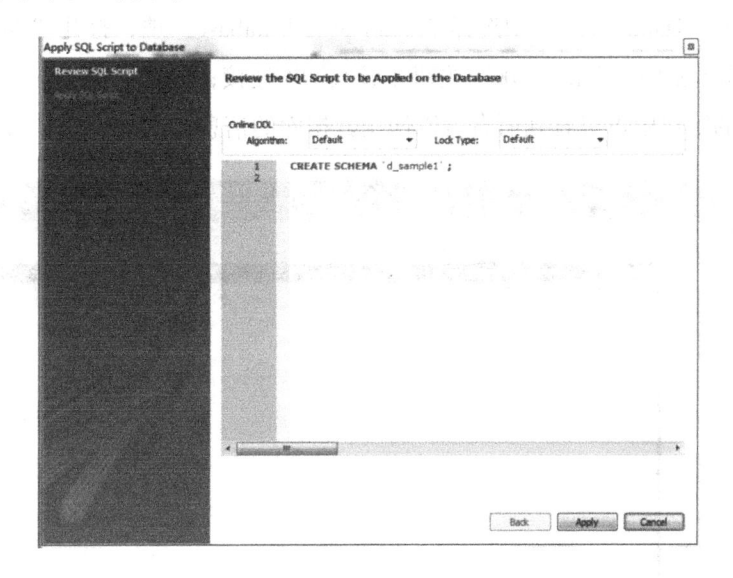

图3-9 Apply SQL Script to Database窗口

⑤单击"Apply"按钮,执行创建数据库的脚本,如图3-10所示,单击Finish按钮,完成创建数据库。

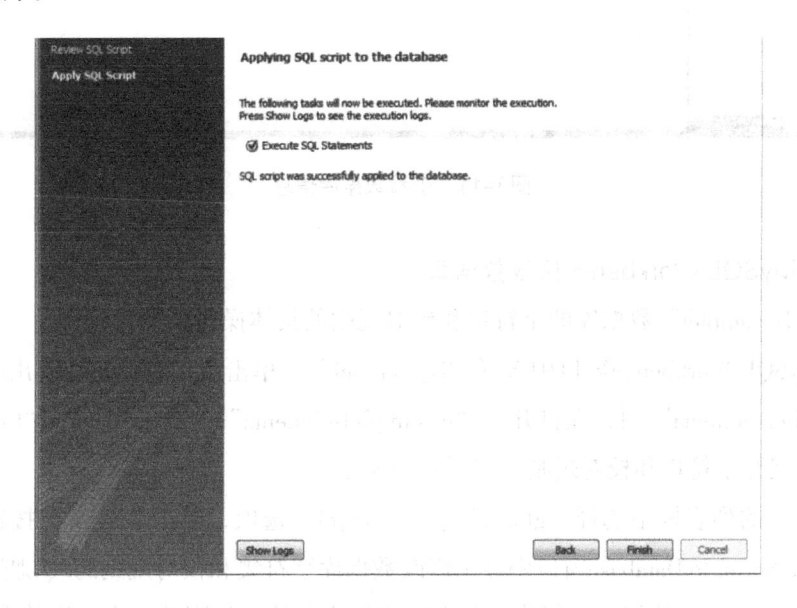

图3-10 完成数据库创建窗口

2.使用MySQL Workbench查看数据库

查看已有的数据库信息的具体操作步骤如下:

①在菜单栏中执行"开始"→"所有程序"→"MySQL"→"MySQL Workbench6.3CE"命令，启动MySQL Workbench；

②在菜单栏"Database""中选择"Connect to Database"项，打开"Connect to Database"窗口，输入密码，单击"OK"按钮完成数据库连接；

③在打开的窗口中可以看到所有可以使用数据库的信息，如图3-11所示。

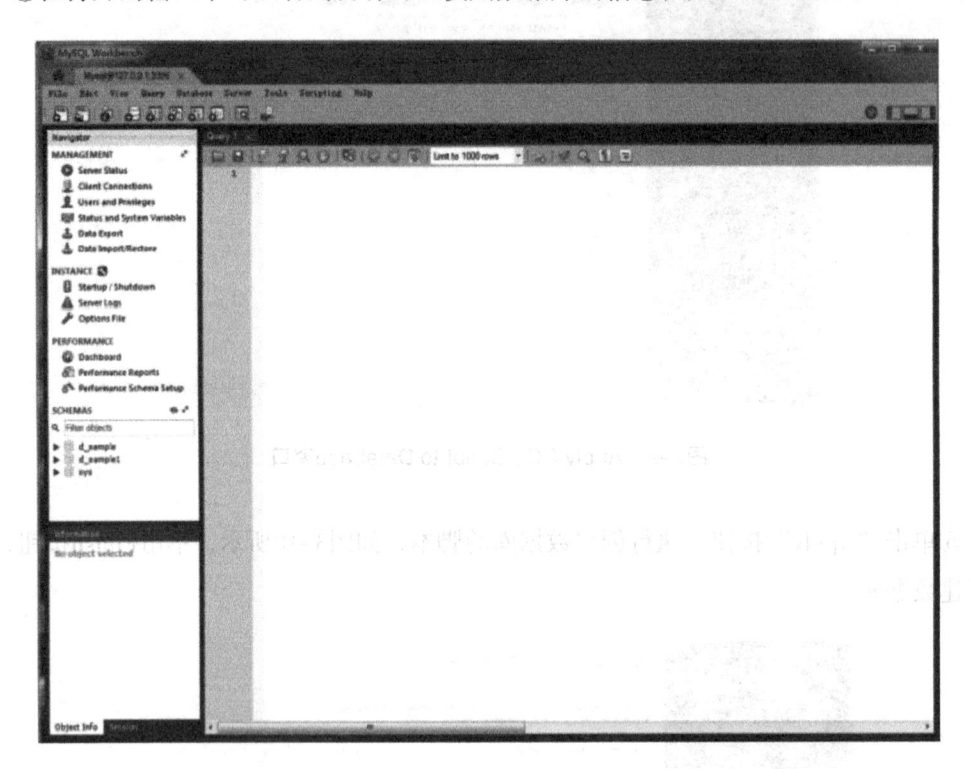

图3-11 查看数据库信息

3.使用MySQL Workbench修改数据库

修改"D_samplel"数据库的字符集和校对规则的具体操作如下：

①在MySQL Workbench窗口中选择"D_samplel"，单击鼠标右键，在弹出的快捷菜单中选择"Alter Schema"项，在打开的"d_samplel-Schema"选项卡中单击"Collation"列表框按钮，展开字符集和校对规则，如图3-12所示；

②在展开的列表框中选择"gbk-gbk_chinese_ci"选项，单击"Appy"按钮，在打开的Apply SQL Script to Database窗口中显示修改数据库字符集和校对规则的SQL脚本；

③单击"Apply"按钮，执行修改数据库字符集和校对规则的脚本，再单击"Finish"按钮，完成数据库修改。

4.使用MySQL Workbench删除数据库

删除"D_samplel"数据库的具体操作步骤如下：

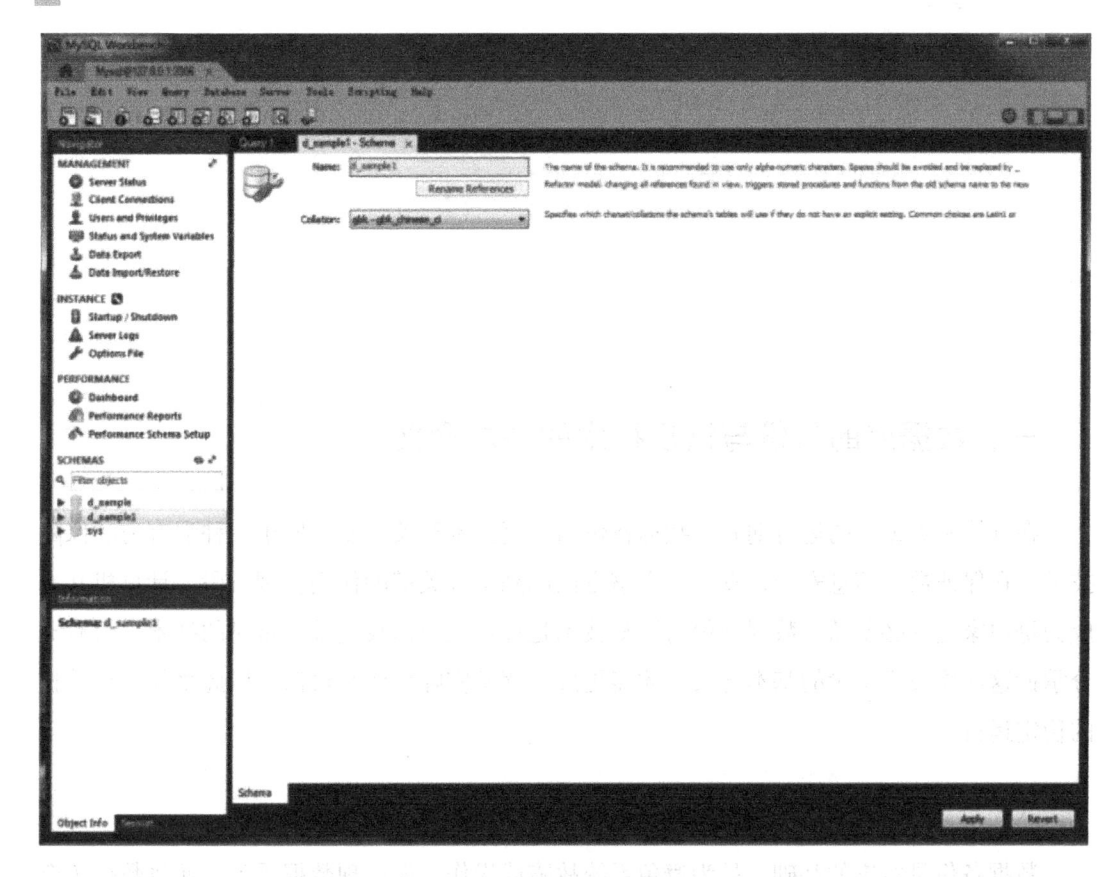

图3-12　字符集和校对规则列表

①在MySQL Workbench窗口中选择"D_sample1",单击鼠标右键,在弹出的快捷菜单中选择"Drop Schema"项,打开对话框,如图3-13所示。

②在对话框中,单击"Drop Now"按钮,删除数据库;必须将当前数据库指定为其他数据库,不能删除当前打开的数据库。

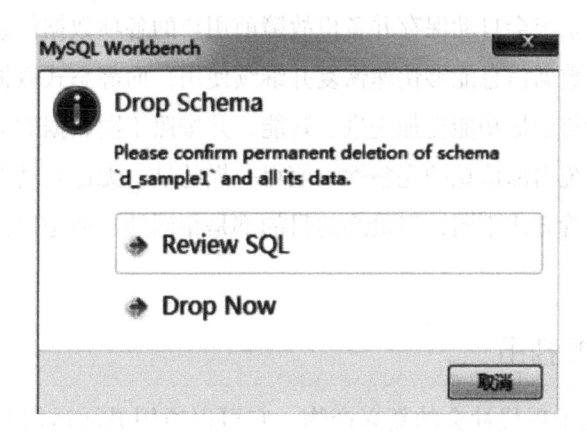

图3-13　删除数据库

第三节 数据备份与恢复

一、数据库的备份与恢复技术的基本含义

在计算机数据库的运行期间,数据备份与恢复技术至关重要,属于一种强有力的保障技术,在保证数据信息安全、真实、完整方面起到十分关键的作用。现阶段,计算机几乎成为每户家庭的必备品,数据备份与恢复技术是计算机中比较基础、常见的技术,只有充分掌握这两项技术手段的基本含义,才能更好发挥其实际优势和价值,以此来保证计算机的稳定运行。

(一)数据备份技术

数据备份是容灾的基础,是为避免系统故障或操作失误出现数据丢失,而将数据(全部或部分)集合从应用主机的硬盘或阵列复制到其他存储介质的过程。简单来讲,在日常使用计算机时,当遇到关机、死机等突发情况,将会出现一系列的数据丢失、泄漏等风险,这就需要数据备份技术提供保证,其存在的根本价值便是保证数据信息的安全性。从技术层面来看,计算机数据备份技术主要分为"动态式备份"和"静态式备份"两种形式组成。其中,动态式数据备份,更加倾向于突发情况,当计算机在使用期间突发故障无法正常运行时,计算机系统会自动保存并备份故障前用户的各项数据信息,在计算机恢复正常后,之前所应用的数据信息能够快速恢复并继续使用;而静态式数据备份有所不同,促使计算机的信息存储与记忆功能更加先进、智能,并按照不同数据的类别进行自动分类与归纳,以此来保证系统内部信息的完整性。值得一提的是,无论是动态化数据备份,还是静态化数据备份,尽管方式不同,但最终的目的都是相同的,便是保证计算机数据信息的安全。

(二)数据恢复技术

数据恢复技术属于现代社会的新兴产物,它可以通用灵活运用多种技术手段,将已经丢失或受到破损的数据重新还原成正常数据。数据恢复的过程主要以存储介质内的资料

为基础，进行重新拼接整理，即使出现资料误删、硬盘故障等突发情况，在存储介质尚未受到严重损失的前提下，还可以使用数据恢复技术，将原有的数据资料完好无损地恢复原样，以便信息使用者的正常运用。在计算机的操作使用过程中，往往会出现误删重要信息，或者突然需要应用往期数据信息但数据已经被损坏等情况，此时便需要依托数据恢复技术，将目标信息进行恢复处理，以此保证工作的有序进行，保证数据信息的利用率。目前，在数据恢复技术的应用中，比较常见的方法便是按照计算机数据库内的数据信息分类、格式以及时间进行复制、保存，这属于计算机系统中比较基础的功能，也是至关重要的一项工作。之所以该项技术得到各界的广泛应用，主要是因为自身的便捷性，用户在寻找目标信息时，只需在浏览页面中搜索关键词便可快速找到相关的数据信息。

二、计算机数据库备份技术的应用

（一）数据归档与分级备份

相比于其他数据备份方法，数据归档与分级备份方法的应用更加具有实践意义，使用起来更加井然有序。这是因为该方法提出要对不同数据进行分类、分级处理，并在整理过程中筛选、清除一些不必要的数据信息，使数据库内信息的使用价值更高，这样用户在使用数据库备份数据时，便可以在短时间内快速找到目标数据。数据归档与分级备份流程比较规范，可以使数据安全得到有力保障，并为计算机数据管理、查阅、使用等提供较大便捷。

（二）数据网络备份

所谓的数据网络备份，主要指在使用计算机数据库备份技术期间，以网络为载体，实现目标数据信息从原始位置到数据主机的传输、备份过程，并在客户端数据软件的辅助下，将此类数据向其他服务器进行传输。在进行数据备份时，需要保证与服务器之间的有效衔接，进而保证备份数据能够实现科学分类，并且有效降低备份数据所受的安全威胁，进一步增强整个系统服务器的稳定与可靠性。

（三）数据远程备份

在计算机数据库的运行期间，容易受到黑客侵入、人为损坏、系统故障、软件崩溃以及自然灾害等因素的影响，出现不同程度的数据丢失、泄漏，而在常规的数据备份方法无法满足实际需求的情况下，就需要通过数据远程备份法，妥善处理紧急事故并完成数据备份。在使用数据远程备份技术时，需要做好计算机硬件与软件的转移工作，将软件内部数据信息快速转移并存储至远程备份系统中，然后操作远程备份系统，分析、整理、归纳、存储多种数据信息，尽可能减少自然灾害、系统故障等不良因素对数据信息安全性带来的影响。下面以多备份为例，远程备份数据库的具体流程如下：

①注册多备份官网，注册成功后进入控制面板，操作鼠标点击"go"，进入备份类型的选择界面；

②点击界面弹出框，进入系统界面右边的数据库进行备份，根据系统提示选择是否进行远程操作授权，然后点击左边"可以"即可；

③保证数据库名的准确输入，具体包括用户名称、账号密码、IP地址等，随即填写域名，合理设置备份频率、云盘以及时段等主要参数；

④在完成备份操作后，操作鼠标回到控制面板，以此来实现远程备份数据库。

（四）数据库的备份时机

针对计算机数据库的备份时机选择，主要分为定期备份、不定期备份两种。定期备份，顾名思义就是在固定周期内进行相应的数据备份。因为数据种类居多，备份期间往往需要消耗大量的资源和时间，因此可以通过每日、月度、年度不同方式进行备份。其中，spl server备份系统，可以通过系统本身自行完成，也可以通过人工辅助完成，并且要远离机房、远离火源。而不定期的数据备份，主要指在数据库发生事务运行时，进行同步备份，并建立相互匹配的备份日志，即使备份发生故障，也不会影响原有数据库的正常运行，规避备份资料滞后性问题的出现。

具体操作流程可以按照以下步骤进行：

①在进行数据库创建、修改、删除等操作时，应做好备份处理，通过create database、alter database、drop database等执行命令完成处理；

②在创建用户自定义对象期间，master数据库内部被修改，数据发生变动，需要保证master数据库的及时创建与备份；

③做好服务器系统存储的流程优化，增加或删除相应的存储过程；

④结合实际情况，对master、model、msdb数据库进行调整、修改，以保证计算机的正常运行；

⑤针对事务日志、已执行但并未写入事务日志的操作，要及时处理并做好清除工作。

三、计算机数据库恢复技术的应用

（一）利用恢复向导进行数据库恢复

利用"恢复向导"恢复计算机数据库资料信息，其最大的优势便是数据恢复效率、质量高，在保证数据库原有信息完整性的同时，可以根据用户群体的实际需求，合理安排相应的备份与储存工作。在应用该类技术时，需要在计算机操作系统的全力支持下，对计算机操作者进行正确的引导与帮助，以便使已经丢失的数据信息得到快速恢复、找回，利用计算机系统提供后台操作平台，以便促进这一技术充分发挥作用。

（二）逆向数据库恢复技术

在使用逆向数据库恢复技术时，需要应用到计算机系统内部的记录日志，因为在发生数据丢失前，这些系统记录日志会将系统内部各项数据完整留存下来，而在数据出现丢失、泄漏后，便可以通过记录日志与逆向数据恢复技术的有机结合，对各类分散数据进行集中化处理。具体来讲，将逆向数据库恢复技术应用在计算机系统中，可以灵活选用逆向查找的方式，实现系统原有记录信息的重现，在保证数据恢复效率的同时，不会给原有数据的真实性、完整性带来破坏，减少外部病毒对计算机系统带来的侵害。在逆向数据库恢复技术中，监控系统属于比较常见且比较重要的技术之一，能够对计算机系统整体运行状态进行实时追踪管控，且在信息技术不断发展的今天，监控系统的涵盖领域不断增加，系统功能正在走向完善化，起到良好的数据保障作用。

四、计算机数据库备份技术与恢复技术的结合使用

（一）需要结合应用备份与恢复技术的常见情况

对于计算机数据库而言，无论在前期如何优化、配置和精心设计，在运行过程中，难免会受到系统故障等不可抗拒因素的影响，进而导致故障问题的出现，这就需要相关人员结合实际情况，充分考虑数据库规模特点、备份与恢复技术的常见情况，根据故障问题特点妥善选择处理方法，以便故障问题被准确发现并且得到及时处理。

1.介质故障

介质故障是计算机运行期间比较寻常的故障问题。在操作数据库进行存储介质文件的读或写时，可能会出现错误，这便是介质故障中的一种。因为在文件使用期间会出现一系列的物理问题，其中最常见的，便是因磁头碰撞而使得硬盘内数据文件出现破损、丢失现象。在数据库的运行期间，介质故障的威胁力比较大，极易导致日志文件、控制文件以及数据文件出现意外损坏或被删除。当发现数据库内数据信息正在被侵蚀、破坏时，管理人员需要及时做出反应，灵活采用多种恢复策略进行数据恢复，进而将损失降到最小，以免给用户的正常使用带来影响。

2.进程故障

该故障主要指在数据库的运行期间,因受到服务器、后台软件、数据库实力用户等因素影响而出现的故障,基本现象为进程异常断开或终止。一旦出现进程故障,将会导致该进程和子进程无法保持正常工作状态,进而影响到数据库系统内部分功能的完整性。

3.网络故障

网络故障的出现频率相对较高,主要是指在数据库服务器、客户端工作站,或者组成一个分布式数据库系统的多个数据库服务器之间的网络故障,如路由器受损、网线被截等,进而使数据库系统陷入运行困难,无法更好地提供数据服务。

(二)计算机操作事务的备份和恢复的关系

在计算机数据的恢复处理中,事务是一项基本单元,需要建立科学合理的恢复管理机制,为事务的原始性、永久性提供有力保障,以此减少不可预知的失败或风险对数据带来的破坏力。在系统恢复正常运行状态,恢复管理机制需要做到以下几点内容:

①保证事务处理结果的绝对性,要么保证在数据库内准确记录全部的永久记录,要么全部都不做永久记录。因为数据库的写操作流程相对比较繁杂,实际情况则显得愈发复杂。在实践中,往往会出现一个事务已经提交,但数据库并未接收到相关的执行结果的情况,一旦在该环节发生失败,那么执行结果的准确性将受到影响,无法在数据库中被永久记录。

②在事务执行特定数据库写操作的过程中,首先要做的,便是在数据库缓冲区内准确填写数据。数据库缓冲区在内存中占据特定的区域,数据经此再回到二级存储器。基本上,数据库缓冲区内的数据信息具有显著的流动性、临时性特点,只有在进入缓冲区并经过处理,最终归纳至二级存储器后,才能保证这些数据信息的永久性。在进行计算机系统数据信息处理,从数据库缓冲区会写到二级存储器的操作,需要通过DBMS指令来完成,还可以在数据库缓冲区满时,由数据库系统进行自主执行处理。有时会需要将所有的数据库缓冲区一次全部倒入二级存储器,这被称为强制写。

③当数据写入缓冲区,或者在数据从缓冲区写入二级存储器期间发生失败时,应充分发挥恢复管理机制的实际作业,对引起这次写操作事务的实时状态进行确认。如果该事务已经处于提交状态,应着重加强对事务一致性的关注与保证,由恢复管理机制对该事务执行一次Redo操作,进而保证该事务执行的合理性,将最终执行结果准确记录至数据库中。在失败发生时,如果事务正处于活跃状态,为进一步保证事务的原子性,应利用恢复管理机制,进行事务执行Undo操作,以此来降低事务给数据库带来的不利影响。针对单一的事务Undo操作,我们将其统称为Undo操作;而部分的Undo操作,可以直接通过事务调度器引发。

④在单方面废除某个事务时，如用户Abort操作，可以通过Undo进行执行操作，并对已经执行的数据操作进行取消处理。如果需要Undo操作面向所有活跃事务办理，可以将其统称为全局Undo操作。为保证该项操作的永久性，我们习惯将二级存储器称为永久存储器，这是因为即使在断电的情况下，它的整体数据存储也依然具有可靠性、有效性。相比于其他数据存储技术，二级存储器的优势更加显著，计算机数据库中的数据信息安全性得以有效保障，被缓存在主存缓冲区的那部分数据，不会在断电情况下消失。

诱发存储介质失败的原因有很多，最常见的有系统磁盘内磁头受到破损、分布式环境下数据通信受阻等，进而出现不同程度网络失败现象。为妥善处理此类情况，需要充分发挥恢复管理机制的规范与保证作用，在发生失败情况时，应通过恢复管理机制进行事务识别，对需要Redo操作的事务进行具体划分，分析类别种类，将需要Undo操作的事务进行单独划分，随即安排这些必须操作的具体执行。值得一提的是，数据库日志是该过程中必不可少的关键环节，需要灵活运用数据库日志，将数据备份技术与恢复技术应用到实际工作中。

（三）数据块和记录

在计算机系统中，数据块在磁盘与内存中扮演着传话筒的角色，属于数据库文件中最基本的存储单位。在块长度远超于记录长度的情况下，可以将多条记录分别存放在每个数据块内，而在记录长度超出数据块长度的同时，单一的数据块将很难实现对这种记录的准确存放。在此期间，如果将数据块的长度设置为BS个字节，假设每条定长记录字节长度为RS，且当BS≥RS时，那么可以将bfr=［BS/RS］条记录放置在每个数据块中。通常情况下，BS无法快速整除RS，因此在计算机系统的每个数据块中便会存在未使用空间，字节为［BS-（bfr×RS）］。为使这些未使用的空间得到充分利用，需要在每一个数据块中存放相应字节的数据信息，并在数据块的中心位置存放指针，以此指明字段的记录位置，便于数据使用者的快速查阅、合理使用。

针对数据文件的数据块分配环节，主要由连续分配法、连接分配法、按簇分配法三种形式来完成。

1.连续分配法

将完整的数据表合理分配至连续的数据块中，这种方式在数据信息的访问、使用以及存储方面比较便捷，整体速度较快，但在数据表扩展处理中会存在一定困难，要求相关人员高度重视。

2.连接分配法

在进行数据表分配的过程中，保证每个数据块中指针设置合理，准确指向前一数据块或下一数据块，以便数据使用者更方便地进行各数据块访问，为数据表扩充创造更多有利条件，但整体访问速度要稍慢于连续分配法，这是使用期间要努力克服的。

3.按簇分配法

该方法是由以上两种方法融合运用而成的，在几个连续的数据块的结合下组成多个簇，进而形成完整的簇间数据链，既方便了数据链表的使用，又促进其得以有效扩充。

综上所述，社会在发展，时代在进步，信息技术的蓬勃发展，带领社会各行业走向全新的发展道路，为社会数字化转型做出了巨大贡献。在新时期背景下，我们应充分了解计算机数据库的优势与特点，灵活采用多种网络数据维护手段，将数据备份与恢复技术切实落到实处，对计算机数据库实施有效管理，进一步保证数据库内数据信息的真实完整性，保证计算机系统得以正常运行，更好地为社会民众提供更优质的数据服务。

练习题

1.选择题

（1）下列选项中属于修改数据库的语句是（　　　）。

A.CREATE DATABASE

B.ALTER DATABASE

C.DROP DATABASE

D.以上都不是

（2）（　　　）数据库主要用于收集数据库服务器性能参数。

A.sys

B.performance_schema

C.information_schema

D.mysql

（3）下列不属于MySQL系统数据库的是（　　　）。

A.sys

B.mysql

C.pubs_schema

D.information_schema

（4）MySQL数据库表数据文件的扩展名为（　　　）。

A.sql

B.myd

C.mdb

D.db

（5）MySQL数据库描述表结构的文件的扩展名为（　　）。

A.frm

B.myd

C.myi

D.myt

2.填空题

（1）MySQL的系统数据库为（　　）、（　　）、（　　）和（　　）。

（2）MySQL的数据库对象有（　　）、（　　）、（　　）、（　　）和（　　）等。

（3）创建数据库除了可以使用图形界面操作外，还可以使用（　　）命令创建数据库。

（4）在MySQL数据库中，利用（　　）语句打开或切换至指定的数据库。

（5）（　　）是表、视图、存储过程、触发器等数据库对象的集合，是数据库管理系统的核心内容。

3.实践题

（1）使用mysqldump命令备份db_shop数据库。

（2）使用Navicat工具备份db_shop数据库。

（3）使用mysql命令恢复db_shop数据库。

（4）使用Navicat工具恢复db_shop数据库。

（5）使用SELECT INTO OUTFILE语句导出db_shop.goods表中的数据，导出文件名为goods.xt，文件格式为xt格式。

（6）使用Navicat工具导出db_shop.users表中的数据，导出文件名为users.xt。

第四章
数据表的操作

本章导读

在MySQL数据库中，表是一种很重要的数据库对象，是组成数据库的基本元素，由若干个字段组成，主要用来实现存储数据记录。表的操作包含创建表、查看表、删除表和修改表，这些操作是数据库对象的表管理中最基本、最重要的操作。

学习目标

1. 掌握数据表的基本知识
2. 熟悉 MySQL 数据类型，能根据实际数据需求设计和调整数据表结构
3. 熟悉数据完整性概念，能根据需求为数据表设置合理的约束条件
4. 掌握使用 SQL 语句创建表的方法
5. 掌握使用 SQL 语句修改表的方法
6. 掌握使用 SQL 语句查看表的方法
7. 掌握使用 SQL 语句删除表的方法

第一节　创建表

创建数据库之后，接下来就要在数据库中创建数据表。所谓创建数据表，指的是在已经创建的数据库中建立新表。创建数据表的过程是规定数据列的属性的过程，同时也是实施数据完整性（包括实体完整性、引用完整性和域完整性）约束的过程。

在创建好的教务管理系统数据库"EduSys"中，创建"Student""Course""Teacher""Class""StuCourse"和"TeaCourse"6个数据表，分别存放学生信息、课程信息、教师信息、班级信息、学生选课信息和教师授课信息。各数据表的结构如表4-1至表4-6所示。

表4-1　Student表（学生信息表）

字段名称	类型	宽度	允许空值	要求	说明
Sno	char	8	NOT NULL	主键	学号
Sname	varchar	20	NOT NULL		姓名
Sex	char	2	NULL	取值范围"男"和"女"	性别
Native	varchar	30	NULL		籍贯
Birthday	datetime		NULL		出生日期
Major	varchar	20	NULL		所在专业
Classno	char	4	NULL	外键	班级编号
Tel	char	11	NULL		联系电话

表4-2　Course表（课程信息表）

字段名称	类型	宽度	允许空值	要求	说明
Cno	char	5	NOT NULL	主键	课程编号
Cname	varchar	30	NOT NULL		课程名称
Hours	tinyint		NULL		课程学时
Credit	tinyint		NULL		课程学分

表4-3 Teacher表（教师信息表）

字段名称	类型	宽度	允许空值	要求	说明
Tno	char	8	NOT NULL	主键	教师编号
Tname	varchar	20	NOT NULL		教师姓名
Sex	char	2	NULL	取值范围"男"和"女"	教师性别
Birthday	datetime		NULL		教师出生日期
Dno	varchar	20	NULL		教师所在院系
Pno	varchar	10	NULL		教师职称
Tel	char	11	NULL	唯一	联系电话
Email	varchar	40	NULL	唯一	电子邮件

表4-4 Class表（班级表）

字段名称	类型	宽度	允许空值	要求	说明
Classno	char	4	NOTNULL	主键	班级编号
Classname	char	16	NOT NULL		班级名称
Num	int		NULL		人数
Charge	varchar	20	NULL		班主任

表4-5 StuCourse表（学生选课表）

字段名称	类型	宽度	允许空值	要求	说明
Sno	Char	8	NOTNULL	主键、外键	学生学号
Cno	Char	5	NOTNULL	主键、外键	课程编号
Score	tinyint		NULL		学生成绩

表4-6 TeaCourse表（教师授课表）

字段名称	类型	宽度	允许空值	要求	说明
Tno	char	8	NOT NULL	主键、外键	教师编号
Classno	char	4	NOT NULL	主键、外键	班级编号
Cno	char	5	NOT NULL	主键、外键	课程编号
Semester	char	6	NULL		学期
School year	char	10	NULL		学年

在MySQL中，使用"CREATE TABLE"语句创建表，语法格式为：

CREATE TABLE<表名>

（<列名1><类型1>AUTO INCREMENT][列级约束条件],

<列名2><类型2>AUTO INCREMENT[列级约束条件],

[……,]

<列名n><类型n>AUTO INCREMENT）[列级约束条件],

[表级约束条件]

）;

CREATE TABLE命令语法比较多，具体含义如下：

①CREATE TABLE：用于创建给定名称的表，用户必须拥有表CREATE的权限。

②<表名>：指定要创建数据表的名称，在CREATE TABLE之后给出，必须符合标识符命名规则。表名称若被指定为db_name.tbl_name，则可以便于在特定的db_name数据库中创建表，无论db_name是否是当前数据库，都可以通过这种方式创建。若在当前数据库中创建表，可以省略db-name，表被默认创建到当前数据库中。如果使用加引号的识别名，则应对数据库和表名称分别加引号。例如，'mydb''mytb'是合法的，但'mydb.mytb'不合法。

③<列名>：指定表中各个数据列的名称，名称必须符合标识符命名规则。

④<类型>：指定表中各个数据列的数据类型，类型的选择一定要符合实际数据的使用需求。

⑤[AUTO INCREMENT]：设置字段自动增长属性，顺序从1开始递增。只有数据类型为整型的列才能设置此属性。当插入NULL值或0到一个AUTO_INCREMENT列时，列被设置为value+1，在这里value是此前表中该列的最大值。每个表只能有一个AUTO_INCREMENT列，并且它必须能被索引。

⑥[列级约束条件]：是指为每个数据列建立的约束条件，可以在列定义时声明，也可以在列定义后声明。比如可能的空值说明、完整性约束或表索引组成等。

⑦[表级约束条件]：是指对多个数据列建立的约束条件，只能在列定义之后声明。在实际开发中，列级约束使用更频繁。除此之外，在所有约束中，并不是每种约束都存在表级或列级约束，其中，非空约束和默认约束就不存在表级约束，它们只有列级约束，而主键约束、唯一约束、外键约束都存在表级约束和列级约束。

使用CREATE TABLE创建表时，如果创建多个列，则要用逗号隔开，需要特别注意的是创建的表的名称不区分大小写，且不能使用SQL语言中的关键字，如DROP、ALTER、INSERT等。

数据表属于数据库，在创建数据表之前，须使用语句"USE<数据库>"指定操作在哪个数据库中进行,如果没有选择数据库,就会抛出"No database selected"错误。

例4-1:在数据库"EduSys"中,创建学生信息表"Student",表中各字段的名称和数据类型如表4-1所示。首先,指定当前使用数据库,输入的SQL语句如下:

mysql>USE EduSys;

语句执行结果为

Database changed

当前数据库跳转成功。接下来,使用"CREATE TABLE"命令创建数据表"Student",该表中暂时没有添加任何约束条件,输入的SQL语句如下:

mysql>CREATE TABLE Student
-> (
->Sno char(8),
->Sname varchar(20),
->Sex char(2),
->Native varchar(30),
->Birthday datetime,
->Major varchar(20),
->Classno char(4),
->Tel char(11)
->);

语句执行结果为

Query OK, 0 rows affected(0.01 sec)

第二节　查看表结构

数据表创建完成后,可以使用"SHOW TABLES"语句查看数据表是否创建成功。

例4-2:查看数据库"EduSys"中的数据表,输入的SQL语句如下:

语句执行结果为

```
+--------------------------+
| Tables_in_edusys         |
+--------------------------+
| student                  |
+--------------------------+
1 row in set (0.00 sec)
```

以上结果表明数据表已创建成功。使用"SHOW TABLE STATUS"语句可以进一步查看数据表的状态信息,语法格式如下:

SHOW TABLE STATUS [FROM数据库名][LIKE匹配模式]:

例4-3:查看数据库"EduSys"中的表名称中包含"stu"的数据表的状态。输入的SQL语句如下:

SHOW TABLE STATUS FROM EduSys LIKE '%stu%'\G

语句执行结果为

Name: student

Engine: InnoDB

Version: 10

Row_format: Dynamic

Rows: 17

Avg_row_length: 963

Data_length: 16384

Max_data_length: 0

Index_length: 32768

Data_free: 0

Auto_increment: NULL

Create_time: 2021-06-06 15:38:32

Update_time: NULL

Check_time: NULL

Collation: utf8_unicode_ci

Checksum: NULL

Create_options:

Comment:

1 row in set (0.00 sec)

上述结果中显示了数据表"Student"的相关信息,结果中各字段具体含义如表4-7所示。

表4-7 数据表的相关信息

字段名称	具体含义
Name	表名称
Engine	表的存储引擎
Version	版本
Row_format	行存储格式，MyISAM引擎可能是Dynamic、Fixed或Compressed
Rows	表中的行数
Avg_row_length	平均每行包括的字节数
Data_length	整个表的数据量（单位：字节）
Max_data_length	表可以容纳的最大数据量
Index_length	索引占用磁盘的空间大小
Data_free	标识已分配但现在未使用的空间，且包含已删除行的空间
Auto_increment	下一个Auto increment的值
Create_time	表的创建时间
Update_time	表的最近更新时间
Check_lime	使用check table或myisamchk工具检查表的最近时间
Collation	表的默认字符集和字符排序规则
Checksum	如果启用，则对整个表的内容计算时的校验和
Create_options	指表创建时的其他所有选项
Comment	其他额外信息

数据表创建好之后，可以使用SQL语句查看表结构的定义，确定数据表包含字段、字段类型、宽度等是否正确。在MySQL中，查看表结构可以使用"DESCRIBE/DESC"或"SHOW CREATE TABLE"语句实现。"DESCRIBE/DESC"语句可以查看表的字段信息，包括字段名、字段数据类型、是否为主键、是否有默认值等，语法规则如下：

DESCRIBE<表名>;

或简写为：

DESC<表名>;

例4-4：使用DESCRIBE查看表"Student"的结构，输入的SQL语句如下：

mysql DESCRIBE Student;

语句执行结果为

```
+-----------+-------------+------+-----+---------+-------+
| Field     | Type        | Null | Key | Default | Extra |
+-----------+-------------+------+-----+---------+-------+
| Sno       | char(8)     | YES  |     | NULL    |       |
| Sname     | varchar(20) | YES  |     | NULL    |       |
| Sex       | char(2)     | YES  |     | NULL    |       |
| Native    | varchar(30) | YES  |     | NULL    |       |
| Birthday  | datetime    | YES  |     | NULL    |       |
| Major     | varchar(20) | YES  |     | NULL    |       |
| Classno   | char(4)     | YES  |     | NULL    |       |
| Tel       | char(11)    | YES  |     | NULL    |       |
+-----------+-------------+------+-----+---------+-------+
8 rows in set (0.01 sec)
```

结果中各个字段的含义如下：

①Field：表示表中各个字段的名称。

②Type：表示表中各个字段的数据类型。

③Null：表示该列是否可以为空值，若值为"Yes"表示可以为空值，为"No"表示不允许为空值。

④Key：表示该列是否已设置索引。若值为"PRI"表示该列是表主键的一部分，值为"UNI"表示该列是UNIQUE唯一索引的一部分，值为"MUL"表示在列中某个给定值允许出现多次。

⑤Default：表示该列是否有默认值。如果有，取值为设置的默认值；否则显示值为"NULL"。

⑥Extra：表示可获取的与给定列有关的附加信息，如AUTO INCREMENT等。

使用"SHOW CREATE TABLE"语句可以用来显示创建表时的CREATE TABLE语句，语法格式如下：

SHOW CREATE TABLE<表名>\G;

例4-5：使用SHOW CREATE TABLE查看表"Student"的详细信息，输入的SQL语句如下：

mysql>SHOW CREATE TABLE Student\G

语句执行结果为

```
Table: student
Create Table: CREATE TABLE `student` (
 `Sno` char(8) COLLATE utf8_unicode_ci DEFAULT NULL,
 `Sname` varchar(20) COLLATE utf8_unicode_ci DEFAULT NULL,
 `Sex` char(2) COLLATE utf8_unicode_ci DEFAULT NULL,
 `Native` varchar(30) COLLATE utf8_unicode_ci DEFAULT NULL,
 `Birthday` datetime DEFAULT NULL,
 `Major` varchar(20) COLLATE utf8_unicode_ci DEFAULT NULL,
 `Classno` char(4) COLLATE utf8_unicode_ci DEFAULT NULL,
 `Tel` char(11) COLLATE utf8_unicode_ci DEFAULT NULL
) ENGINE=InnoDB DEFAULT CHARSET=utf8 COLLATE=utf8_unicode_ci
1 row in set (0.00 sec)
```

使用SHOW CREATE TABLE语句不仅可以查看创建表时的详细语句，而且可以查看存储引擎和字符编码。如果不加"\G"参数，显示的结果可能非常混乱，加上"\G"参数之后，可使显示的结果更加直观，易于查看。

第三节　删除表

对于不再需要的数据表，我们可以将其从数据库中删除。在删除表的同时，表的结构和表中所有的数据都会被删除，包括表的描述、完整性约束、索引及与表相关的权限等。因此在删除数据表之前最好先备份，以免造成无法挽回的损失。

删除表是一个敏感操作，需要谨慎处理。在执行删除操作之前，请务必考虑以下几点：

①数据备份：在删除表之前，请确保已经备份了重要的数据。这样，即使删除了表，您仍然可以从备份中恢复数据。

②数据完整性：删除表将删除表中的所有数据，因此请确保您不再需要这些数据或已经进行了适当的数据迁移。

③权限限制：请确保您具有足够的权限来执行删除操作。如果您没有足够的权限，将无法删除表。

为了安全地删除表，可以遵循以下步骤：

①验证表名：确保您要删除的是正确的表。请仔细检查表名，以免错误地删除其他表。

②数据备份：在删除表之前，进行数据备份以防止数据丢失。

③确认操作：再次确认您要删除表及其数据。确保您明确地理解删除操作的后果。

④执行删除：使用DROP TABLE语句执行删除操作。例如："DROP TABLE table_name;"。

⑤验证删除：在执行删除操作后，验证表是否已成功删除。可以使用其他数据库工具或查询来验证表是否已从数据库中删除。

MySQL数据库中使用"DROP TABLE"语句删除一个或多个数据表，语法格式如下：

DROP TABLE[IF EXISTS][表名1，表名2，表名3，…]；

语法说明如下：

①"表名1，表名2，表名3，…"表示要被删除的数据表的名称。DROP TABLE可以同时删除多个表，只要将表名依次写在后面，相互之间用逗号隔开。

②IF EXISTS用于在删除数据表之前判断该表是否存在。如果不加IF EXISTS，当数据表不存在时MySQL将提示错误，中断SQL语句的执行；加上之后，当数据表不存在时SQL语句亦可顺利执行，但是会发出警告（warning）。

注意：

用户必须拥有执行DROP TABLE命令的权限，否则数据表不会被删除。表被删除时，用户在该表上的权限不会自动删除。

例4-6：删除数据表"Student"，输入的SQL语句如下：

mysql>DROP TABLE Student;

语句执行结果为

Query OK, 0 rows affected （0.01 sec）

利用"SHOW TABLES"命令查看表，输入的SQL语句如下：

mysql>SHOW TABLES;

语句执行结果为

Empty set （0.00 sec）

从执行结果可以看到，此时"EduSys"数据库已经不存在任何数据表，输出结果为"Empty set"，此时删除"Student"数据表操作成功。

第四节 修改表

为实现数据库中表的规范化设计，有时候需要对之前已经创建的数据表进行结构修改或者调整。修改表指的是修改数据库中已经存在的数据表结构。在MySQL中可以使用"ALTER TABLE"语句来改变原有表的结构，常用的修改表的操作有修改表名、修改字段名称、修改字段数据类型、增加和删除字段、调整字段的排列位置、更改表的存储引擎、添加和删除约束条件、重命名表等。完整语法格式如下：

ALTER TABLE<表名>[修改选项]

修改选项的语法格式如下：

{ADD COLUMN<列名><类型>

|CHANGE COLUMN<旧列名><新列名><新列类型>

|ALTER COLUMN<列名>{SET DEFAULT<默认值>DROP DEFAULT}

|MODIFY COLUMN<列名><类型>

|DROP COLUMN<列名>

|RENAME TO<新表名>}

接下来，我们分情况介绍。

一、添加字段

随着业务的变化，可能需要在已经存在的表中添加新的字段，一个完整的字段包括字段名、数据类型、完整性约束。添加字段的语法格式如下：

ALTER TABLE<表名>

ADD<新字段名><数据类型>[约束条件][FIRST | AFTER已存在的字段名]：

语法中参数的具体含义如下：

①表名：指定修改的数据表的名称；

②新字段名：指需要添加的字段的名称；

③数据类型：指新添加的字段的数据类型；

④［约束条件］：新添加的字段需满足的约束条件；

⑤［FIRST］：为可选参数，其作用是将新添加的字段设置为表的第一个字段；

⑥［AFTER］：为可选参数，其作用是将新添加的字段添加到指定的已存在的字段名的后面。

例4-7：修改表"Student"结构，增加"ID"序号字段，类型为Char（6），并作为表中的第一个字段，输入的SQL语句如下：

mysql>ALTER TABLE Student

->ADD COLUMN ID CHAR（6）FIRST；

语句执行结果为

Query OK, 0 rows affected（0.02 sec）

Records：0 Duplicates：0 Warnings：0

利用DESC命令查看当前表的结构，输入的SQL语句如下：

mysql>DESC Student；

语句执行结果为：

Field	Type	Null	Key	Default	Extra
ID	char(6)	YES		NULL	
Sno	char(8)	YES		NULL	
Sname	varchar(20)	YES		NULL	
Sex	char(2)	YES		NULL	
Native	varchar(30)	YES		NULL	
Birthday	datetime	YES		NULL	
Major	varchar(20)	YES		NULL	
Classno	char(4)	YES		NULL	
Tel	char(11)	YES		NULL	

9 rows in set (0.01 sec)

从结果中可以看出，"ID"列已经添加成功，并且处于Student表中第一列。

例4-8：修改表"Student"结构，在"Native"字段后添加一个字段"Code"，类型为Char（6），输入的SQL语句如下：

mysql>ALTER TABLE Student

->ADD COLUMN Code CHAR（6）AFTER Native；

语句执行结果为

Query OK, 0 rows affected（0.02 sec）

Records：0 Duplicates：0 Warnings：0

利用DESC命令查看当前表的结构，输入的SQL语句如下：

mysql>DESC Student；

语句执行结果为

```
+----------+-------------+------+-----+---------+-------+
| Field    | Type        | Null | Key | Default | Extra |
+----------+-------------+------+-----+---------+-------+
| ID       | char(6)     | YES  |     | NULL    |       |
| Sno      | char(8)     | YES  |     | NULL    |       |
| Sname    | varchar(20) | YES  |     | NULL    |       |
| Sex      | char(2)     | YES  |     | NULL    |       |
| Native   | varchar(30) | YES  |     | NULL    |       |
| Code     | char(6)     | YES  |     | NULL    |       |
| Birthday | datetime    | YES  |     | NULL    |       |
| Major    | varchar(20) | YES  |     | NULL    |       |
| Classno  | char(4)     | YES  |     | NULL    |       |
| Tel      | char(11)    | YES  |     | NULL    |       |
+----------+-------------+------+-----+---------+-------+
10 rows in set (0.01 sec)
```

可以看到，表"Student"中增加了一个名称为"Code"的字段，其位置在指定的"Native"字段后面，说明字段添加成功。

提示：

"FIRST或AFTER已存在的字段名"用于指定新增字段在表中的位置，如果SQL语句中没有这两个参数，则默认将新添加的字段设置为数据表的最后一列。

二、修改字段数据类型

修改字段的数据类型就是把字段的数据类型转换成另一种数据类型。在MySQL中修改字段数据类型的语法规则如下：

ALTER TABLE<表名>

MODIFY<字段名><数据类型>；

其中，表名指要修改数据类型的字段所在表的名称，字段名指需要修改的字段，数据类型指修改后字段的新数据类型。

例4-9：修改表"Student"结构，将"Sname"字段的数据类型由VARCHAR（20）修改成VARCHAR（40），输入的SQL语句如下：

mysql>ALTER TABLE Student

->MODIFY Sname VARCHAR（40）；

语句执行结果为

Query OK, 0 rows affected（0.01 sec）

Records: 0 Duplicates: 0 Warnings: 0

利用DESC命令查看当前表的结构，输入的SQL语句如下：

mysql>DESC Student;

语句执行结果为

Field	Type	Null	Key	Default	Extra
ID	char(6)	YES		NULL	
Sno	char(8)	YES		NULL	
Sname	varchar(40)	YES		NULL	
Sex	char(2)	YES		NULL	
Native	varchar(30)	YES		NULL	
Code	char(6)	YES		NULL	
Birthday	datetime	YES		NULL	
Major	varchar(20)	YES		NULL	
Classno	char(4)	YES		NULL	
Tel	char(11)	YES		NULL	

10 rows in set (0.01 sec)

语句执行后，发现Student表中"Sname"字段的数据类型已经修改成VARCHAR（40），说明修改成功。

注意：

若表中该列所保存数据的数据类型与将要修改的列的新数据类型冲突，则会发生错误。比如，若将原来Char类型的列修改成Int类型，而原来已经保存有字符型数据，则无法修改。

三、调整字段排列顺序

如果我们要调整字段的排列顺序，则使用的语法规则如下：

ALTER TABLE<表名>

MODIFY[COLUMN]字段名1数据类型[字段属性]

[FIRST|AFTER字段名2];

其中，字段名1指表中需要调整顺序的字段的名称；字段名2指调整到其位置之后的字段的名称。

例4-10： 修改表"Student"结构，将"Birthday"字段调整到"Sex"字段之后，输入的SQL语句如下：

mysql>ALTER TABLE Student

```
->MODIFY Birthday datetime AFTER Sex;
```
语句执行结果为

Query OK, 0 rows affected (0.01 sec)

Records: 0 Duplicates: 0 Warnings: 0

利用DESC命令查看当前表的结构,输入的SQL语句如下:
```
mysql>DESC Student;
```
语句执行结果为

Field	Type	Null	Key	Default	Extra
ID	char(6)	YES		NULL	
Sno	char(8)	YES		NULL	
Sname	varchar(40)	YES		NULL	
Sex	char(2)	YES		NULL	
Birthday	datetime	YES		NULL	
Native	varchar(30)	YES		NULL	
Code	char(6)	YES		NULL	
Major	varchar(20)	YES		NULL	
Classno	char(4)	YES		NULL	
Tel	char(11)	YES		NULL	

10 rows in set (0.01 sec)

语句执行后,发现表"Student"中的"Birthday"字段已调整到"Sex"字段后面,说明修改成功。

四、删除字段

删除字段是将数据表中的某个字段从表中移除,语法格式如下:

ALTER TABLE<表名>

DROP<字段名>;

其中,字段名指需要从表中删除的字段的名称。

例4-11:修改表"Student"结构,删除"ID"字段,输入的SQL语句如下:
```
mysql>ALTER TABLE Student
->DROP ID;
```
语句执行结果为

Query OK, 0 rows affected (0.02 sec)

Records: 0 Duplicates: 0 Warnings: 0

利用DESC命令查看当前表的结构,输入的SQL语句如下:

mysql>DESC Student;

语句执行结果为

```
+---------+-------------+------+-----+---------+-------+
| Field   | Type        | Null | Key | Default | Extra |
+---------+-------------+------+-----+---------+-------+
| Sno     | char(8)     | YES  |     | NULL    |       |
| Sname   | varchar(40) | YES  |     | NULL    |       |
| Sex     | char(2)     | YES  |     | NULL    |       |
| Birthday| datetime    | YES  |     | NULL    |       |
| Native  | varchar(30) | YES  |     | NULL    |       |
| Code    | char(6)     | YES  |     | NULL    |       |
| Major   | varchar(20) | YES  |     | NULL    |       |
| Classno | char(4)     | YES  |     | NULL    |       |
| Tel     | char(11)    | YES  |     | NULL    |       |
+---------+-------------+------+-----+---------+-------+
9 rows in set (0.01 sec)
```

五、修改字段名称

修改字段名称是指将原有字段进行重命名，语法规则如下：

ALTER TABLE<表名>

CHANGE<旧字段名><新字段名><新数据类型>；

其中，旧字段名指修改前的字段名；新字段名指修改后的字段名；新数据类型指修改后的数据类型。

例4-12：修改表"Student"结构，将"Code"字段名称改为"ZipCode"，数据类型不变，输入的SQL语句如下：

mysql>ALTER TABLE Student

->CHANGE Code ZipCode CHAR（6）；

语句执行结果为

Query OK, 0 rows affected（0.01 sec）

Records: 0 Duplicates: 0 Warnings: 0

利用DESC命令查看当前表的结构，输入的SQL语句如下：

mysql>DESC Student;

语句执行结果为

```
+-----------+-------------+------+-----+---------+-------+
| Field     | Type        | Null | Key | Default | Extra |
+-----------+-------------+------+-----+---------+-------+
| Sno       | char(8)     | YES  |     | NULL    |       |
| Sname     | varchar(40) | YES  |     | NULL    |       |
| Sex       | char(2)     | YES  |     | NULL    |       |
| Birthday  | datetime    | YES  |     | NULL    |       |
| Native    | varchar(30) | YES  |     | NULL    |       |
| ZipCode   | char(6)     | YES  |     | NULL    |       |
| Major     | varchar(20) | YES  |     | NULL    |       |
| Classno   | char(4)     | YES  |     | NULL    |       |
| Tel       | char(11)    | YES  |     | NULL    |       |
+-----------+-------------+------+-----+---------+-------+
9 rows in set (0.01 sec)
```

语句执行后，发现表"Student"中"Code"字段名称已经修改为"ZipCode"，修改成功。

说明：

CHANGE如果不需要修改字段的数据类型，则可将新数据类型设置成与原来一样，但数据类型不能为空。CHANGE也可以只修改数据类型，实现和MODIFY同样的效果，方法是将"新字段名"和"旧字段名"设置为相同的名称，只改变"数据类型"。

提示：

由于不同类型的数据在机器中的存储方式及长度并不相同，修改数据类型可能会影响数据表中已有的数据记录。因此，当数据表中已经有数据时，不要轻易修改数据类型。

六、修改表名称

在MySQL中使用ALTER TABLE语句可以实现表名的修改，语法规则如下：

ALTER TABLE<旧表名>
RENAME[TO]<新表名>；

其中，TO为可选参数，使用与否均不影响结果。

例4-13：修改表"Student"的名称为"Student New"，输入的SQL语句如下：

mysql>ALTER TABLE Student
->RENAME Student New；

语句执行结果为

Query OK, 0 rows affected (0.01 sec)

利用"SHOW TABLES"命令查看表,输入的SQL语句如下:
mysql>SHOW TABLES;
语句执行结果为

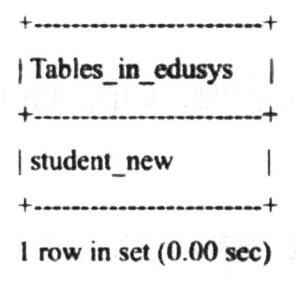

```
+------------------+
| Tables_in_edusys |
+------------------+
| student_new      |
+------------------+
1 row in set (0.00 sec)
```

用户在修改表名称时可以进一步使用DESC命令查看修改后的表结构,会发现修改表名并不修改表的结构,因此修改名称后的表和修改名称前的表的结构是相同的。

第五节 操作表的约束

操作表的约束是指在MySQL中对表进行定义和管理约束,以保证数据的完整性和一致性。常见的操作表的约束包括主键约束、唯一约束、外键约束和检查约束等。通过使用这些约束,我们可以限制表中数据的取值范围、保证数据的唯一性以及实现表之间的关联。

下面是对操作表约束的详细扩展。

一、主键约束(PRIMARY KEY)

主键约束是数据库表中的一种约束,用于唯一标识表中的每一行数据。主键列的值必须是唯一的,并且不能为NULL(非空)。通过定义主键约束,可以确保表中的数据行具有唯一的标识符,从而提供快速的数据检索和关联。

在MySQL中,主键约束可以通过以下方式定义。

1.单列主键

使用单个列作为主键,通常使用自增长的整数值。这种方式下,主键列的值会自动递增,每个值都是唯一的。

例4-14:
```
CREATE TABLE table_name (
    id INT AUTO_INCREMENT PRIMARY KEY,
    ...
);
```
在上面的示例中，id列被定义为主键，并且使用AUTO_INCREMENT属性使其自动递增。

2.复合主键

使用多个列组合作为复合主键。这种方式下，主键由多个列的值组合而成，确保了组合值的唯一性。

例4-15:
```
CREATE TABLE table_name (
    column1 data_type,
    column2 data_type,
    PRIMARY KEY (column1, column2),
    ...
);
```
在上面的示例中，使用了PRIMARY KEY关键字来定义由column1和column2组成的复合主键。

通过定义主键约束，可以获得以下好处：

①数据唯一性：主键约束确保表中每一行的主键值都是唯一的，避免了重复数据的存在。

②快速数据检索：由于主键的唯一性，数据库可以使用主键索引快速定位和检索特定的数据行，提高查询性能。

③数据关联：主键约束可以用于建立表之间的关联关系，通过在其他表中引用主键，实现数据的关联查询和数据完整性的维护。

在设计数据库表时，选择适当的主键方式非常重要。通常情况下，推荐使用简单的自增长整数作为主键，以确保唯一性和高效的查询性能。如果需要复合主键，则应仔细考虑列的组合以及数据的唯一性要求。

二、唯一约束（UNIQUE）

唯一约束是一种在MySQL表中定义的约束，用于确保列中的值在整个表中是唯一的。

与主键约束不同，唯一约束允许空值（NULL），但对于非空值，它们必须是唯一的。一个表可以有多个唯一约束，每个唯一约束可以涉及一个或多个列。

唯一约束可以通过以下方式定义。

1.单列唯一约束

使用单个列作为唯一约束。

例4-16：
```
CREATE TABLE table_name (
    column1 data_type UNIQUE,
    ...
);
```

在上面的示例中，column1列被定义为唯一约束，确保该列中的值在整个表中是唯一的。

2.复合唯一约束

使用多个列组合作为复合唯一约束。例如：
```
CREATE TABLE table_name (
    column1 data_type,
    column2 data_type,
    UNIQUE (column1, column2),
    ...
);
```

在上面的示例中，使用了UNIQUE关键字来定义由column1和column2组成的复合唯一约束。

通过定义唯一约束，可以获得以下好处：

①数据唯一性：唯一约束确保列中的值在整个表中是唯一的，防止重复的数据存在。

②空值允许：与主键约束不同，唯一约束允许空值（NULL）。这意味着列中可以有多个空值，但对于非空值，它们必须是唯一的。

唯一约束对于确保数据的一致性和完整性非常有用。它可以用于避免重复的数据插入、更新和维护数据的唯一性。在设计数据库表时，可以根据实际需求选择适当的列或列组合来定义唯一约束。

需要注意的是，唯一约束不会自动创建索引。如果需要通过唯一约束进行高效的数据查找和查询，可以考虑为唯一约束列或列组合创建索引。

三、外键约束（FOREIGN KEY）

外键约束是一种在MySQL表中定义的约束，用于建立表之间的关联关系。它确保外键列中的值必须存在于引用表的主键列中。外键约束用于实现表之间的关联和关系维护，确保数据的一致性和完整性。

在使用外键约束时，通常有两个表涉及其中。

1.引用表（被引用表）

该表包含主键列，是关系中的主要表。主键是该表中唯一标识每一行数据的列。

2.外键表（引用表）

该表包含外键列，用于引用引用表中的主键列。外键列的值必须存在于引用表的主键列中。

外键约束可以通过以下方式定义。

例4-17：

CREATE TABLE table_name（
　　column1 data_type,
　　column2 data_type,
　　FOREIGN KEY（column1，column2）REFERENCES reference_table（ref_column1，ref_column2），
　　…
）；

在上面的示例中，使用FOREIGN KEY关键字定义了外键约束，将column1和column2列作为外键列，并引用了reference_table表中的ref_column1和ref_column2列作为主键。

通过定义外键约束，可以获得以下好处：

①数据一致性：外键约束确保外键列中的值必须存在于引用表的主键列中。这样可以确保表之间的关联关系保持一致，避免了无效的引用和不一致的数据。

②数据完整性：外键约束可以防止误删除或修改关键数据。当试图删除或修改引用表中的主键数据时，如果存在外键引用，数据库会拒绝操作并返回错误。

外键约束对于数据库中的关系维护和数据一致性非常重要。它可以帮助构建强大的关联结构，确保数据之间的关系和一致性。在设计数据库表时，根据实际需求和关系模型，选择适当的表关联和外键约束定义。

需要注意的是，使用外键约束需要满足一些前提条件，例如引用表中的主键列必须存在唯一性约束，并且主键列和外键列的数据类型必须匹配。

四、检查约束（CHECK）

检查约束是一种用于限制列中数据取值范围的约束。它通过使用表达式定义，对列的值进行条件限制。检查约束可以确保列的值满足指定的条件，从而保证数据的有效性和完整性。

在MySQL中，可以在创建表时使用CHECK关键字来定义检查约束。

例4-18：

```sql
sqlCopy code
CREATE TABLE table_name (
    column1 data_type,
    column2 data_type,
    CHECK (condition),
    ...
);
```

在上面的示例中，使用CHECK关键字定义了一个检查约束，通过condition来指定列的取值范围或条件。

例4-19： 我们可以创建一个检查约束，确保年龄列的值在18到65之间。

```sql
CREATE TABLE employees (
    id INT,
    name VARCHAR (50),
    age INT,
    CHECK (age >= 18 AND age <= 65)
);
```

在上面的示例中，通过CHECK（age >= 18 AND age <= 65）定义了一个检查约束，限制了age列的取值范围在18到65之间。

检查约束可以有多个条件，并且可以使用逻辑运算符（如AND、OR、NOT）进行组合。可以根据具体需求使用比较运算符（如>、<、=）和逻辑运算符来定义检查约束的条件。

需要注意的是，MySQL在创建表时定义了检查约束，但它并不会自动执行检查。即使违反了检查约束的条件，也不会报错或拒绝插入或更新数据。因此，开发者需要自行确保数据的一致性和完整性，遵守检查约束的条件。

练习题

一、选择题

1. 下列＿＿＿＿＿＿类型不是MySQL中常用的数据类型。

　（A）INT

　（B）VAR

　（C）TIME

　（D）CHAR

2. 以下能够删除一列的是＿＿＿＿＿＿。

　（A）ALTER TABLE emp REMOVE addcolumn

　（B）ALTER TABLE emp DROP COLUMN addcolumn

　（C）ALTER TABLE emp DELETE COLUMN addcolumn

　（D）ALTER TABLE emp DELETE addcolumn

3. 若要撤销数据库中已经存在的表S，可用＿＿＿＿＿＿。

　（A）DELETE TABLE S

　（B）DELETE S

　（C）DROP S

　（D）DROP TABLE S

4. 查找表结构用以下哪一项命令？＿＿＿＿＿＿

　（A）FIND

　（B）SELETE

　（C）ALTER

　（D）DESC

5. 主键的建立有＿＿＿＿＿＿种方法。

　（A）一

　（B）四

　（C）二

　（D）三

6.以下哪种操作能够实现实体完整性？_____

（A）设置唯一键

（B）设置外键

（C）减少数据冗余

（D）设置主键

二、填空题

1.在MySQL中，通常使用_____表示一个列没有值或缺值的情形。

2.在CREATE TABLE语句中，通常使用_____关键字来指定主键。

3.MySQL中常用的约束有_____、_____、_____、_____、_____。

4.MySQL支持两种复合数据类型：_____和_____。

5.默认情况下，MySQL自增型字段的值从1开始递增，且步长为1，设置自增字段的语法格式为_____。

6.创建表时，设置表的字符集语法格式为_____。

7._____是指保证指定字段的数据具有正确的数据类型、格式和有效的数据范围。

8.建立和使用_____的目的是保证数据的完整性。

三、判断题

1.表的主键可以是一个字段，也可以是多个字段的组合。（   ）

2.表中主键的值具有唯一性，它可以取空值。（   ）

第五章
存储过程与事务

📖 本章导读

存储过程是一种在数据库服务器中存储的预定义SQL语句集合，用于执行特定的数据库操作。通过使用存储过程，开发人员可以提高应用程序的性能和可维护性，减少网络开销，并实现逻辑封装和代码重用。同时，事务是一种用于确保数据库操作的原子性、一致性、隔离性和持久性的机制。使用事务可以确保一组数据库操作要么全部成功执行，要么全部回滚，从而保证数据的完整性和一致性。存储过程和事务是关系型数据库管理系统中强大而重要的功能，为应用开发和数据管理提供了强有力的支持。

学习目标：

1. 熟悉 MySQL 存储过程实现
2. 掌握 MySQL 存储过程应用
3. 了解 MySQL 事务处理

第一节 存储过程概述

存储过程（Stored Procedures）是SQL查询语句与控制流语句的预编译集合，并以特定的名称保存在数据库中。存储过程也是数据库对象。每个存储过程都实现一个特定的功能，如果要使用该功能，则可以调用相应的存储过程来完成，即可以在存储过程中声明变量、编写SQL语句、使用条件控制语句来实现存储过程的功能。

当处理复杂应用程序时，尤其是在团队环境中，会出现一个难题，即一方面要让每个成员都能做出贡献，另一方面还不能覆盖他人已做的努力。一般负责数据库开发和维护的人在编写高效安全的查询方面很有经验。但是如果将查询嵌入到代码中，数据库架构师如何编写和维护这些查询，而又不影响应用程序开发人员呢？此外，数据库架构师如何确信开发人员不会通过"改进"这些查询，而可能导致应用程序大开方便之门？

针对这些难题，最常用的解决方案之一是一种称为存储过程的数据库对象。存储过程是存储在数据库服务器中的一组SQL语句，通过在查询中调用一个指定的名来执行，很像封装了一组命令的函数，调用此函数名时就会执行这些命令。然后，存储过程可以在数据库服务器的安全范围内进行维护，根本不触及应用程序代码。

人们翘首以盼的这个特性终于在MySQL5.0中得到支持。本章将介绍MySQL如何实现存储过程，不仅讨论其语法，还会展示如何创建、管理和执行存储过程，以及如何将存储过程集成到Web应用程序中。首先，本节对其优缺点做一个更为正式的介绍。

一、存储过程的优缺点

（一）存储过程的优点

存储过程有很多优点，其主要优点包括以下几种。

1.一致性

当多个用不同语言编写的应用程序完成相同的数据库任务时，把这些类似的功能合并到存储过程中，将减少重复的开发过程。

2.高性能

有能力的数据库管理者在团队成员中关于如何编写优化查询可能是最有经验的。因此，让这个人通过维护存储过程来创建特别复杂的数据库相关操作是很有意义的。

3.安全性

在特别敏感的环境，如金融和军事防御中工作时，有时要求对数据的访问是严格受限的。使用存储过程可以很好地确保开发人员只能访问完成其任务所必需的信息。

4.架构

虽然讨论多层体系结构的优点超出了本书的范围，但应该知道，结合使用存储过程和数据层可以进一步增强大型应用程序的可管理性。关于此主题的更多信息，请在网上搜索"N层架构"。

（二）存储过程的缺点

虽然存储过程有很多的优点，但也有如下缺点。

1.性能

许多人认为数据库的唯一作用是存储数据和维护数据的关系，而不是执行本可以由应用程序执行的代码。除了不能把重点集中在许多人所认为的数据库唯一作用之上，在数据库中执行这些逻辑还会消耗额外的处理器和内存资源。

2.功能

SQL语句构造确实提供了很多功能和灵活性，但是，很多开发人员发现，使用拥有完备特性的语言（如PHP）来构建这些过程会更方便，也更轻松。

3.可维护性

虽然可以使用基于GUT的工具，如MySQL查询浏览器，来管理存储过程，但与使用强大的IDE编写基于PHP的函数相比，编写和调试存储过程还是困难得多。

4.可移植性

因为存储过程通常使用数据库特定的语法，所以如果需要结合另外一个数据库产品使用应用程序时，肯定会出现可移植性问题。

第二节　MySQL存储过程的实现

虽然常用术语是存储过程，但MySQL实际上实现了两种类型，即存储过程和存储函数，它们统称为存储过程。

①存储过程：存储过程支持SELECT、INSERT、UPDATE和DELETE等SQL命令的执行，还可以设置能在程序外引用的参数。

②存储函数：存储函数只支持SELECT命令的执行，只接受输入参数，必须返回一个且仅一个值。此外，可以将存储函数直接嵌入到SQL命令中，就像count（）和dateformat（）等标准MySQL函数一样。

一般来讲，需要操作数据库中的数据时会使用存储过程，可能是获取记录或插入、更新和删除值，而使用存储函数是为了管理该数据或完成特殊计算。事实上，本节给出的语法对于二者实际上都是相同的，只是"过程"（procedure）一词要换作"函数"（function）。例如，命令DROP PROCEDURE procedure_name用来删除现有的存储过程，而命令DROPFUNCTION function_name用来删除现有的存储函数。

一、创建存储过程

如下语法可用于创建存储过程：

CREATE

[DEFINER={user CURRENT USER}

PROCEDURE procedure_name （[parameter[，…]]）

[characteristics,]routine body

而如下语法用于创建存储函数：

CREATE

[DEFINER={user CURRENT_USER}

FUNCTION function_name （[parameter[，]]）

RETURNS type

[characteristics, …]routine_body

例如，来创建一个返回静态字符串的简单存储过程：

mysql>CREATE PROCEDURE get_inventory（）

->SELECT 45 AS inventory;

仅此而已。现在使用如下命令执行此存储过程：

mysql>CALL get_inventory（）;

执行此过程将返回如下输出：

45

当然，这是所能提供的最简单的示例了。请继续阅读，了解创建复杂（也更有用）的存储过程还有哪些选项。

（一）设置安全权限

DEFINER子句确定将查看哪个用户账户来确定是否有适当的权限执行存储过程定义的查询。如果使用DEFINER子句，需要采用'user'@'host'语法指定用户名和主机名（例如，'jason'@'localhost'）。如果使用CURRENT USER（默认值），就会查看导致执行这个存储过程的用户账户权限。只有拥有SUPER权限的用户才能为另一个用户指定DEFINER。

（二）设置并返回输入参数

存储过程可以接受输入参数，并把参数返回给调用方。不过，对于每个参数，需要声明其参数名、数据类型，还要指定此参数是用于向过程传递信息、从过程传回信息，还是二者皆有。虽然存储函数也可以接受参数，但只支持输入参数，而且必须返回一个且仅一个值。因此，当在存储函数中声明输入参数时，要确定只包括参数名和类型。这些数据类型对应于MySQL支持的数据类型，因此，可以把参数的数据类型声明为创建表时可用的任何数据类型。为声明参数的作用，使用如下3个关键字之一。

①IN：只用来向过程传递信息。

②OUT：只用来从过程传回信息。

③INOUT：可以向过程传递信息，如果值改变，则可再从过程外调用。

对于任何声明为OUT或INOUT的参数，当调用存储过程时需要在参数名前加上@符号，这样该参数就可以在过程外调用了。考虑一个名为get_inventory的过程，它接受两个参数，productid是一个确定感兴趣商品的IN参数，count是向调用者返回值的OUT参数：

CREATE PROCEDURE get_inventory（IN product CHAR（8）.OUT count INT）

..Statement Body

此过程可以如下调用：

CALL get_inventory（'ZXY83393'，@count）；

count参数可以像这样访问：

SELECT @count；

（三）特点

利用一些称为特点（characteristics）的属性，可以进一步调整存储过程的功能。下面给出完整的特点列表，后面分别进行介绍：

LANGUAGE SQL

|[NOT]DETERMINISTIC

|{CONTAINS SQL|NO SQL|READS SQL DATA|MODIFIES SQL DATA}

|SQL SECURITY{DEFINER|INVOKER）

|COMMENT 'string'

1.LANGUAGE SQL

当前，SQL是唯一支持的存储过程语言，但人们有计划在将来引入支持其他语言的框架。此框架将公开化，意味着任何有兴趣并且有能力的程序员都可以自由地增加对所喜爱语言的支持，例如，能够使用PHP、Perl和Python语言创建存储过程，这意味着过程的功能只受所使用语言的限制。

2.[NOT]DETERMINISTIC

只用于存储函数，只要传入相同的参数集，任何声明为DETERMINISTIC的函数每次都会返回相同的值。将函数声明为DETERMINISTIC将有助于MySQL优化存储函数的执行。

3.CONTAINS SQL NO SQL READS SQL DATA MODIFIES SQL DATA

此设置指示存储过程将完成何种类型的任务。默认值CONTAINS SQL指示会出现SQL但不会读写数据。NO SQL指示过程中不出现SQL。READS SQL DATA指示SQL只能获取数据。最后，MODIFIES SQL DATA指示SQL将修改数据。在编写本书时，此特点对存储过程的功能没有影响。

4.SQL SECURITY DEFINER INVOKER

如果SQL SECURITY特点设为DEFINER，则此过程将根据定义此过程的用户的权限执行。如果设置为INVOKER，则根据执行此过程的用户的权限执行。

有人可能认为DEFINER设置有些奇怪，它可能不安全。毕竟，为什么会有人允许用户使用其他用户的权限执行过程呢？这实际上是增强而不是削弱系统安全性的一个很好的方法，因为它允许创建除了能执行过程再没有任何其他权限的用户。

5.COHMENT 'string'

使用COMMENT特点，可以增加关于此过程的一些描述性信息。

二、声明和设置变量

在存储过程中完成任务时，通常需要局部变量作为临时占位符。但是与PHP不同，MySQL要求指定这些变量的类型并显式进行声明。本节展示如何声明和设置变量。

（一）声明变量

与PHP不同，在存储过程使用局部变量之前，必须声明局部变量，通过使用MySQL支持的某种数据类型来指定变量类型。变量声明通过DECLARE语句实现，其形式如下：

DECLARE variable name type [DEFAULT value]

例如，假设创建一个存储过程calculate-bonus来计算员工的红利。它可能需要变量salary、bonus和total。声明如下：

DECLARE salary DECIMAL（8，2）；

DECLARE bonus DECIMAL（4，2）；

DECLARE total DECIMAL （9，2）；

在声明变量时，声明必须放在BEGIN/END块中。此外，声明必须在执行该块任何其他语句之前进行。还要注意变量的作用范围限制在声明该变量的代码块中，这很重要，因为程序中可能有多个BEGIN/END块。

DECLARE关键字还用于声明某种条件和处理器。

（二）设置变量

SET语句用来设置声明的存储过程变量值。其形式如下：

SET variable name value [variable name=value]

如下示例展示声明和设置变量inv的过程：

DECLARE inv INT；

SET inv=155；

也可以使用SELECT....INTO语句设置变量。例如，inv变量也可以如下设置：

DECLARE inv INT；

SELECT inventory INTO inv FROM product WHERE productid='MZC38373'；

当然，此变量是声明该变量的BEGIN/END块作用范围内的一个局部变量。如果希望在存储过程外使用此变量，需要将其作为OUT变量传递，如下：

mysql>DELIMITER//

mysql>CREATE PROCEDURE get_inventory（OUT inv INT）

->SELECT 45 INTO inv；

->1//

Query OK，0 rows affected （0.08 sec）

mysql>DELIMITER；

mysql>CALL get_inventory（@inv）；

mysql>SELECT @inv;

得到结果如下：

@inv

45

不过，有人可能不清楚DELIMITER语句有什么用。默认地，MySQL使用分号来确定一个语句是否结束。不过，创建一个包含多个语句的存储过程时，需要编写多个语句，但在完成这个存储过程之前，人们并不希望MySQL执行任何操作。因此，必须把定界符修改为另一个字符串，不一定非得是//，可以选择喜欢的任何定界符。

三、执行存储过程

执行存储过程是通过在CALL语句中引用存储过程来完成的。例如，可以如下执行前面创建的get_inventory：

mysql>CALL get_inventory（@inv）；

mysql>SELECT @inv；

执行get_inventory将返回：

@inv

45

四、创建和使用多语句存储过程

单语句存储过程非常有用，但存储过程的真正功能在于它能够封装和执行多个语句。事实上，程序员为此专门提供了一种语言，允许完成相当复杂的任务，如根据条件计算和迭代处理。例如，假设由一个内部销售部门推动公司的收入增加，为让该部门完成这个艰难的目标，要向员工们的月薪中增加奖金，奖金的数目与该员工销售收入成正比。公司在内部处理工资，使用一个定制Java程序来计算和打印每年年终时的员工奖金。但是，同时为销售部门提供了一个基于Web的界面，可以实时监视奖金的变化（即奖金数额）。因为这两个应用程序都需要能够计算奖金数额，所以这个任务非常适合使用存储函数实现。创建这个存储函数的语法如下：

DELIMITER//

CREATE FUNCTION calculate_bonus

（emp_id CHAR（8））RETURNS DECIMAL（10,2）

COMMENT 'Calculate employee bonus'

```
BEGIN
DECLARE total DECIMAL (10, 2);
DECLARE bonus DECIMAL (10, 2);
SELECT SUM (revenue) INTO total FROM sales WHERE employee_id=emp_id;
SET bonus-total*.05;
RETURN bonus;
END;
//
DELIMITER;
```

然后，如下调用calculate bonus函数：

```
mysql>SELECT calculate_bonus ('35558ZHU');
```

此函数返回类似下面的结果：

```
Calculate bonus ('35558ZHU')
295.02
```

尽管这个示例包含了一些新语法（后面将介绍所有这些语法），但它还是非常简单的。

五、有效的存储过程管理

存储过程很快就会变得很长，很复杂，这会增加创建和调试其语法的时间。例如，键入calculate bonus过程很麻烦，特别是如果引入了语法错误，需要重新输入整个存储过程时，会更麻烦。为减轻这些麻烦，可以将存储过程创建语法放在文本文件中，然后将该文件读入MySql客户端，如下：

```
%>Mysql[options]<calculate_bonus.sql
```

[options]字符串是连接变量的占位符，不要忘记在创建存储过程前，在脚本文件中增加usedb_name，切换为适当的数据库，否则将出现错误。

为修改现有的存储过程，可以在必要时修改该文件，通过drop procedure（本章后面介绍）来删除现有的存储过程，然后使用上述过程重新创建此存储过程，虽然有一个alter procedure语句（也是本章后面介绍），但它目前只能修改存储过程的特点。

（一）BEGIN和END块

当创建多语句存储过程时，需要将语句包围在BEGIN/END块中。此块的形式如下：

```
BEGIN
statement 1;
```

statement 2;

……

statement N;

END

注意，块中每条语句必须以分号结尾。

（二）条件

存储过程语法为执行条件计算提供了两种众所周知的构造：IF-ELSEIF-ELSE语句和CASE语句。本节介绍这两种构造。

1.IF-ELSEIF-ELSE

IF-ELSEIF-ELSE语句是计算条件语句最常用的方式之一。事实上，即使是新手程序员，也可能已经在很多情况下使用过这个语句。因此，很多人对此并不陌生。其形式如下：

IF condition THEN statement list

[ELSEIF condition THEN statement_list]...

[ELSE statement_list]

END IF

例如，假设修改了前面创建的calculate_bonus存储过程，确定奖金比例不仅基于销售情况，还要基于销售人员在公司供职的年数：

IF years_employed<5 THEN

SET bonus=total*.05;

ELSEIF years_employed>=5 and years_employed<10 THEN

SET bonus=total*.06;

ELSEIF years_employed>=10 THEN

SET bonus=total*.07;

END IF

2.CASE

需要比较一组可能的值时CASE语句很有用，虽然这个任务肯定可以使用IF语句完成，但使用CASE语句将极大地提高可读性。其形式如下：

CASE

WHEN condition THEN statement_list

[WHEN condition THEN statement_list]...

[ELSE statement_list]

END CASE

考虑如下示例，它将客户的状态和一组值进行比较，设置一个包含适当销售税率的变量：

CASE
　　WHEN state=" AL" THEN:
　　SET tax rate=.04;
　　WHEN state=" AK" THEN:
　　SET tax_rate=.00;
　　……
　　WHEN state=" WY" THEN:
　　SET tax rate=.04;
END CASE;

另外，可以通过如下形式减少键入的代码：

CASE state
　　WHEN " AL" THEN:
　　SET tax rate=.04;
　　WHEN " AK" THEN:
　　SET tax rate=.00;
　　……
　　WHEN " WY" THEN:
　　SET tax rate=.04;
END CASE;

（三）迭代

有些任务（例如向表中插入一些新记录）需要能够重复地执行一组语句。本节介绍能够迭代执行和退出循环的各种方法。

1.ITERATE

执行 ITERATE 语句将使嵌入该语句的 LOOP、REPEAT 或 WHILE 循环返回到顶部，并再次执行。其形式如下：

ITERATE label

2.LEAVE

在得到变量的值或特定任务的结果之后，可能希望通过 LEAVE 命令立即退出循环或 BEGIN/END 块。其形式如下：

LEAVE label

LEAVE的示例将在下面对LOOP的介绍中给出。

3.LOOP

LOOP语句将不断地迭代处理定义在其代码块中的一组语句，直到遇到LEAVE为止。其形式如下：

[begin_label:]LOOP

statement list

END LOOP[end label]

MySQL存储过程无法接受数组作为输入参数，但可以传入并解析一个定界字符串来模拟此行为。例如，假设为客户提供一个界面，可以从10种公司服务中选择要对哪些服务有更多了解。该界面可以表现为一个多选框、复选框或其他方式。使用什么方式并不重要，因为最终这些值将在传给存储过程之前连接成一个字符串（例如使用PHP的implode（）函数）。例如，该字符串可能如下，其中每个数字表示所需要服务的数值标识符：1，3，4，7，8，9，10。

解析此字符串并向数据库插入这些值的存储过程如下：

DELIMITER//

CREATE PROCEDURE service info

（client id INT, services varchar（20））

BEGIN

DECLARE comma_pos INT;

DECLARE current_id INT;

svcs: LOOP

SET comma_pos LOCATE（'，'，services）;

SET current_id = SUBSTR(services, 1, comma_pos − 1);

IF current_id <> 0 THEN

SET services SUBSTR（services, comma_pos+1）;

ELSE

SET current id=services;

END IF;

INSERT INTO request_info VALUES（NULL, client_id.current_id）;

IF comma pos =0 OR current id='' THEN"

LEAVE svcs;

END IF;

END LOOP:

END//

DELIMITER;

现在调用service_info，如下：

call service_info（"45"，"1, 4, 6"）；

执行之后，request_info表会包含如下3条记录：

Row_ID	Client_Id	service
1	45	1
2	45	5
3	45	6

4.REPEAT

REPEAT语句在操作上几乎与WHILE相同，只要某个条件为真，就一直循环处理指定的一条语句或一组语句。但是，与WIIILE不同的是，REPEAT在每次迭代之后而不是之前计算条件，很像PHP的DO_WHILE结构。其形式如下：

[begin_label:]REPEAT

statement list

UNTIL condition

END REPEAT [end label]

例如，假设要测试一组新的应用程序，希望构建一个存储过程，它可以使用指定的一些测试记录填充一个表。此过程如下：

DELIMITER///

CREATE PROCEDURE test_data

（rows INT）

BEGIN

DECLARE val1 FLOAT;

DECLARE val2 FLOAT;

REPEAT

SELECT RAND（）INTO val1;

SELECT RAND（）INTO val2;

INSERT INTO analysis VALUES（NULL, val1, val2）；

SET rows rows -1;

UNTIL rows =0

END REPEAT;

END//

DELIMITER;

在rows参数中传入5，执行此过程，得到如下结果：

Row_ID	Val1	Val2
1	0.0632789	0.980422
2	0.712274	0.620106
3	0.96370s	0.958209
4	0.899929	0.625017
5	0.425301	0.251453

5.WHILE

WHILE语句在很多（甚至可能是全部）现代程序语言中都很常见，只要某个条件或一组条件为真，就一直迭代处理一条或几条语句。其形式如下：

[begin_label:]HILE condition DO

statement list

END WHILE [end_label]

下面重新改写前面介绍REPEAT时创建的test data过程，这一次使用WHILE循环：

DELIMITER//

CREATE PROCEDURE test data

（rows INT）

BEGIN

DECLARE val1 FLOAT;

DECLARE val2 FLOAT;

WHILE rows >0 DO

SELECT RAND（）INTO val;

SELECT RANDO INTO val2;

INSERT INTO analysis VALUES（NULL, val1, val2）;

SET rows rows -1;

END WHILE;

END//

DELIMITER;

六、从另一个存储过程中调用存储过程

从另一个存储过程中调用存储过程是可能的，这样就避免了重复不必要的逻辑所存在的不方便。示例如下：

DELIMITER//

CREATE PROCEDURE process_logs（）

```
BEGIN
SELECT ' Processing Logs' ;
END//
CREATE PROCEDURE process_users ( )
BEGIN
SELECT ' Processing Users' ;
END//
CREATE PROCEDURE maintenance ( )
BEGIN
CALL process_logs ( ) ;
CALL process_users ( ) ;
END//
DELIMITER;
```

执行该maintenance（过程得到如下结果）：

```
Processing logs
Processing logs
1 row in set ( 0.00, sec )
Processing Users
Processing Users
1 row in set ( 0.00, sec )
```

七、修改存储过程

目前MySQL只提供了通过ALTER语句修改存储过程特点的功能。其形式如下：

ALTER （PROCEDURE FUNCTION）routine_name [characteristic...]

例如，假设希望修改calculate_bonus方法的SQL SECURITY特点，将其从默认的DEFINER改为INVOKER：

ALTER PROCEDURE calculate_bonus SQL SECURITY invoker;

八、删除存储过程

要删除存储过程，可以执行DROP语句。其原型如下：

DROP （PROCEDURE FUNCTION）[IF EXISTS]sp_name

例如，为删除calculate_bonus存储过程，执行如下命令：

mysql>DROP PROCEDURE calculate_bonus;

九、查看存储过程状态

有时候可能想了解谁创建了某个存储过程,存储过程的创建时间或修改时间,或者存储过程应用哪个数据库。通过SHOW STATUS语句很容易完成这些任务。其形式如下:

SHOW (PROCEDURE FUNCTION) STATUS [LIKE 'pattern']

例如,假设希望对前面创建的get_products()存储过程有更多了解:

mysql>SHOW PROCEDURE STATUS LIKE 'get_products' \G

执行此命令得到如下输出:

Db: corporate

Name: get_products

Type: PROCEDURE

Definer: root@localhost

Modlfled: 2008-03-1219: 07: 34

Created: 2008-03-1219: 07: 34

Security_type: DEFINER

Comment:

Character_set client: latin1

Collation_connection: latin1_swedish_ci

Database Collation: latin1_swedish_ci

1 row in set (0.01 sec)

注意,使用\G选项以垂直格式而不是水平格式显示输出。不包括\G将水平地显示结果,这可能很难阅读。

如果希望同时查看多个存储过程的信息,也可以使用通配符。例如,假设还有另一个名为get_employees()的存储过程:

mysql>SHOW PROCEDURE STATUS LIKE 'get%' \G

这将得到:

Db: corporate

Name: get_employees

Type: PROCEDURE

Definer: jason@localhost

Modlfled: 2008-03-1223: 05: 28

Created: 2008-03-1223: 05: 28

Security_type: DEFINER

Comment:

character-set-client: latin1

collation-connection: latin1_swedish_ci

Database Collation: latin1_swedish_ci

Db: corporate

Name: get products

Type: PROCEDURE

Definer: root@localhost

Modlfled: 2008-03-1219: 07: 34

Created: 2008-03-1219: 07: 34

Security_type: DEFINER

Comment:

Character_set_client: latin1

Collation_connection: latin1_swedish_ci

Database Collation: latin1_swedish_ci

2 rows in set （0.02 sec）

十、查看存储过程的创建语法

通过SHOW CREATE语句可以查看创建特定存储过程所用的语法。其形式如下：
SHOW CREATE （PROCEDURE FUNCTION）dbname.spname
例如，如下语句将重新创建用于创建get_products（）过程的语法：
SHOW CREATE PROCEDURE corporate.maintenance\G
执行此命令得到如下输出（稍微格式化以便于阅读）：
Procedure: maintenance
sql_mode: STRICT TRANS_TABLEs, NO_AUTO CREATE_USER
Create Procedure: CREATE DEFINER='root'@'localhost' PROCEDURE'maintenance'（）
BECIN
CALL process_logs（）;

CALL process_users ( ) ;
END
Character_set_client: latin1
Collation_connection: latin1_swedish ci
Database Collation: latin1 swedish ci

第三节　事务的处理过程

一、事务的理论基础

关系型数据库有四个显著的特征，即安全性、完整性、监测性和并发性。数据库的安全性就是要保证数据库中数据的安全，防止未授权用户随意修改数据库中的数据，确保数据的安全。完整性是数据库的一个重要特征，也是保证数据库中的数据切实有效、防止错误、实现商业规则的一种重要机制。在数据库中，区别所保存的数据是无用的垃圾还是有价值的信息，主要是依据数据库的完整性是否健全，即实体完整性、域完整性和参考完整性。对任何系统都可以这样说，没有监测，就没有优化。只有通过对数据库进行全面的性能监测，才能发现影响系统性能的因素和瓶颈，才能针对瓶颈因素，采取切合实际的策略，提高系统的性能。并发性是用来解决多个用户对同一数据进行操作时的问题。特别是对于网络数据库来说，这个特点更加突出。提高数据库的处理速度，单单依靠提高计算机的物理速度是不够的，还必须充分考虑数据库的并发性问题，提高数据库并发性的效率。

那么如何保证并发性呢？在SQLServer中，使用事务和锁机制，可以解决数据库的并发性问题。事务要求处理时必须满足ACID原则，即原子性（A）、一致性（C）、隔离性（I）和持久性（D）。

（一）原子性

原子性也称为自动性，是指事务必须执行一个完整的工作，要么执行全部数据的操作，要么全部不执行。

（二）一致性

一致性是指当事务完成时，必须使所有的数据具有一致的状态。

（三）隔离性

隔离性也称为独立性，是指并行事务的修改必须与其他并行事务的修改相互独立。一个事务处理的数据，要么是其他事务执行之前的状态，要么是其他事务执行之后的状态。但不能处理其他事务正在处理的数据。

（四）持久性

持久性是指当一个事务完成之后，将永久性地存于系统中，即事务的操作将写入数据库中。

事务的这种机制保证了一个事务或者提交后成功执行，或者提交后失败回滚，二者必居其一。因此，事务对数据的修改具有可恢复性，即当事务失败时，它对数据的修改都会恢复到该事务执行前的状态。而使用一般的批处理，则有可能出现有的语句被执行，而另外一些语句没有被执行的情况，从而有可能造成数据不一致。

事务开始之后，事务所有的操作都陆续写到事务日志中。这些任务操作在事务日志中记录一个标志，用于表示执行了这种操作。当取消这种事务时，系统自动执行这种操作的反操作，保证系统的一致性。系统自动生成一个检查点机制，这个检查点周期性地发生。检查点的周期是系统根据用户定义的时间间隔和系统活动的频度由系统自动计算出来的时间间隔。检查点周期地检查事务日志，如果在事务日志中，事务全部完成，那么检查点将事务日志中的事务提交到数据库中，并且在事务日志中做一个检查点提交标记。如果在事务日志中，事务没有完成，那么检查点将事务日志中的事务不提交到数据库中，并且在事务日志中做一个检查点未提交标记。

二、事务的类型

（一）根据系统的设置分类

根据系统的设置可将事务分为两种类型：系统提供的事务（系统事务）和用户定义的事务（用户定义事务）。

1.系统事务

系统提供的事务是指在执行某些语句时，一条语句就是一个事务。但这时要明确，一条语句的对象既可能是表中的一行数据，也可能是表中的多行数据，甚至是表中的全部数据。因此，只有一条语句构成的事务也可能包含了多行数据的处理。

系统提供的事务语句如下：

ALTER TABLE、CREATE、DELETE、DROP、FETCH、GRANT、INSERT、OPEN、REVOKE、SELECT、UPDATE、TRUNCATETABLE

这些语句本身就构成了一个事务。

使用CREATE TABLE创建一个表：

```
CREATE TABLE student
(id CHAR(10),
name CHAR(6),
sex CHAR(2)
)
```

这条语句本身就构成了一个事务。这条语句由于没有使用条件限制，那么这条语句就是创建包含三个列的表。要么创建全部成功，要么全部失败。

2.用户定义的事务

在实际应用中，大多数的事务处理采用了用户定义的事务来处理。在开发应用程序时，可以使用BEGIN TRANSACTION语句来定义明确的用户定义的事务。在使用用户定义的事务时，一定要注意事务必须有明确的结束语句来结束。如果不使用明确的结束语句来结束，那么系统可能把从事务开始到用户关闭连接之间的全部操作都作为一个事务来对待。事务的明确结束可以使用两个语句中的一个：COMMIT语句和ROLLBACK语句。COMMIT语句是提交语句，将全部完成的语句明确地提交到数据库中。ROLLBACK语句是取消语句，该语句将事务的操作全部取消，即表示事务操作失效。

还有一种特殊的用户定义的事务，这就是分布式事务。事务是在一个服务器上的操作，其保证的数据完整性和一致性是指一个服务器上的完整性和一致性。但是，如果一个比较复杂的环境，可能有多台服务器，那么要保证在多服务器环境中事务的完整性和一致性，就必须定义一个分布式事务。在这个分布式事务中，所有的操作都可以涉及对多个服务器的操作，当这些操作都成功时，那么所有这些操作都提交到相应服务器的数据库中，如果这些操作中有一条操作失败，那么这个分布式事务中的全部操作都将被取消。

（二）根据运行模式分类

根据运行模式可将事务分为四种类型：自动提交事务、显式事务、隐式事务和批处理级事务。

1.自动提交事务

自动提交事务是指每条单独的语句都是一个事务。

2.显式事务

显式事务是指每个事务均以BEGIN TRANSACTION语句显式开始，以COMMIT或ROLLBACK语句显式结束。

3.隐式事务

隐式事务是指在前一个事务完成时新事务隐式启动,但每个事务仍以COMMIT或ROLLBACK语句显式完成。

4.批处理级事务

该事务只能应用于多个活动结果集(MARS),在MARS会话中启动的T-SQL显式或隐式事务变为批处理级事务。当批处理完成时,没有提交或回滚的批处理级事务自动由SQLServer进行回滚。

(三)事务处理语句

所有的T-SQL语句都是内在的事务。SQLServer还包括事务处理语句,将SQLServer语句集合分组后形成单个的逻辑工作单元。事务处理语句包括:

BEGIN TRANSACTION语句、COMMIT TRANSACTION语句、ROLLBACK TRANSACTION语句和SAVETRANSACTION语句。

1.BEGIN TRANSACTION语句

BEGIN TRANTSACTION语句定义一个显式本地事务的起始点,即事务的开始。其语法格式为:

BEGIN{TRAN | TRANSACTION}

[{transaction_name | @tran_name_variable}

[WITH MARK[' description']]

]

[;]

说明:

(1)TRANSACTION关键字可以缩写为TRAN;

(2)transaction name是事务名,@tran_name_variable是用户定义的、含有效事务名称的变量,该变量必须是字符数据类型;

(3)WITH MARK指定在日志中标记事务,description是描述该标记的字符串。

2.COMMIT TRANSACTION语句

COMMIT TRANSACTION语句标志一个成功的隐式事务或显式事务的结束。其语法格式为:

COMMIT{TRAN | TRANSACTION}

[transaction_name | @tran_name_variable][;]

这里需要强调的是,仅当事务被引用所有数据的逻辑都正确时,T-SQL语句才能发出COMMIT TRANSACTION命令。当在嵌套事务中使用时,内部事务的提交并不释放资源或使其修改成为永久修改。只有在提交了外部事务时，数据修改才具有永久性，而且资源才会被释放。当@TRANCOUNT大于1时，每发出一个COMMIT TRANSACTION命令只会使@TRANCOUNT按1递减。当@TRANCOUNT最终递减为0时，将提交整个外部事务。

3.ROLLBACK TRANSACTION语句

ROLLBACK TRANSACTION语句将显式事务或隐式事务回滚到事务的起点或事务内的某个保存点，它也标志一个事务的结束，也称为撤销事务。其语法格式如下：

ROLLBACK{TRAN | TRANSACTION}
[transaction_name | @tran_name_variable
 | savepoint_name | @savepoint_variable]
[;]

ROLLBACK TRANSACTION清除自事务的起点或到某个保存点所做的所有数据修改。它还释放由事务控制的资源。savepoint_name是SAVE TRANSACTION语句中的savepoint_name。当条件回滚只影响事务的一部分时，可使用savepoint_name。@savepoint_variable是用户定义的、包含有效保存点名称的变量的名称，必须是字符数据类型。

4.SAVE TRANSACTION语句

SAVE TRANSACTION语句在事务内设置保存点。其语法格式为：

SAVE{TRAN | TRANSACTION}{savepoint_name | @savepoint_variable}

用户可以在事务内设置保存点或标记。保存点可以定义在按条件取消某个事务的一部分后，该事务可以返回的一个位置。如果将事务回滚到保存点，则根据需要必须完成其他剩余的T-SQL语句和COMMIT TRANSACTION语句，或者必须通过将事务回滚到起始点完全取消事务。若要取消整个事务，请使用transaction_name语句。这将撤销事务的所有语句和过程。savepoint_name是分配给保存点的名称。@savepoint_variable包含有效保存点名称的用户定义变量的名称。

四、事务和批

如果用户希望或者整个操作完成，或者什么都不做，这时解决问题的办法就是将整个操作组织成一个简单的事务处理，称为批处理或批。

将多个SQL操作定义为一个事务，这时就形成了一个批处理，要么全部执行，要么都不执行。

五、事务隔离级

每个事务都是一个所谓的隔离级，它定义了用户彼此之间的隔离和交互的程度。事务关系型数据库管理系统的一个重要的属性：它可以隔离在服务器上正在处理的不同的会话。在单用户的环境中，这个属性无关紧要。但在多用户环境下，能够隔离事务就显得非常重要。这样它们之间既不互相影响，还能保证数据库性能不受影响。

如果没有事务的隔离性，不同的SELECT语句将会在同一事务的环境中查询到不同的结果，因为在查询期间，数据有可能已被其他事务修改，这将导致不一致性。使用户不确定本次查询结果是否正确，结果能否作为其他操作的基础。因此事物的隔离性可以强制对事务进行某种程度的隔离，保证其他操作和应用在事务中看到的数据是一致的。较低级别的隔离性可以增加并发，但代价是降低数据的正确性。反之，较高的隔离性可以确保数据库的正确性，但可能会降低并发，从而影响到系统的执行效率。

SQLServer提供了五种隔离级：未提交读（READ UNCOMMITTED）、提交读（READ COMMITTED）、可重复读（REPEATABLEREAD）、快照（SNAPSHOT）和序列化（SERIALIZABLE）。

在SQLServer中，使用SET TRANSACTION ISOLATION LEVEL语句定事务的隔离级别。

由于在前一段T-SQL语句中创建了一个事务，但没有COMMIT语句，即该事务没有结束语或被撤销，所以后一段T-SQL语句执行后，系统提示正在执行查询，而不显示查询结果。

这时候的COLLEGE数据库的默认隔离级别是未提交读，如果一个事务更新了数据，但事务尚未结束，这时就会发生脏读的情况。在第一个查询窗口中使用ROLLBACK语句回滚以上操作，或直接关闭查询窗口终止事务。这时使用SET语句设置事务的隔离级别为READ UNCOMMITTED，执行如下语句：

SET TRANSACTION ISOLATION LEVEL READ UNCOMMITTED

重复刚才的查询操作，就可以看到查询结果。因为此时系统被设置了READ UNCOMMITTED，允许进行脏读。

一、选择题

1.MySQL存储过程是（   ）

A.一种数据库表

B.一种数据类型

C.一组预定义的SQL语句集合

D.一种数据库索引

2.存储过程可以用于（ ）

A.执行数据库查询

B.封装常用的数据库操作逻辑

C.定义数据库表结构

D.创建数据库用户

3.在MySQL中创建存储过程使用的关键字是（ ）

A.CREATE PROCEDURE

B.ALTER PROCEDURE

C.INSERT PROCEDURE

D.DECLARE PROCEDURE

4.存储过程可以接受参数作为输入，参数的传递方式包括（ ）

A.传值调用

B.引用调用

C.返回值调用

D.以上都是

5.在MySQL中调用存储过程使用的关键字是（ ）

A.EXECUTE

B.CALL

C.RUN

D.START

二、问答题

1.简述MySQL程序设计的内容分类。

2.事务的隔离级别有哪些？

第六章
数据查询与视图

章节导读

查询是数据库系统中最常用，也是最重要的功能，它为用户快速、方便地使用数据库中的数据提供了一种有效的方法。视图是根据用户的需求而定义的从基本表导出的虚表。

学习目标

1. 掌握数据查询的功能与方式
2. 学会视图管理

第一节 数据查询

数据库查询是数据库的核心操作。在SQL语言中，用SELECT语句进行查询。该语句具有灵活的使用方式和丰富的功能，其一般格式如下：

SELECT[ALL | DISTINCT]<目标列表达式>[别名][，<目标列表达式>[别名]]…FROM<表名或视图名>[别名][，<表名或视图名>[别名]]…

[WHERE <条件表达式>]

[GROUP BY<列名1>[HAVING<条件表达式>]]

[ORDER BY<列名2>[ASC | DESC]];

此语句含义为根据WHERE条件从FROM子句指定的表中选出满足条件的元组,然后按SELECT子句后面指定的属性列提取出指定的列。若有GROUP BY子句,再根据GROUP BY子句指出的<列名1>分组,属性列值相等的为一组;若GROUP BY子句中有HAVING子句,则只有满足HAVING条件的组才被输出;若有ORDER BY子句,则将结果按<列名2>指定的顺序排序。ASC为升序,DESC为降序,缺省时为ASC。

在SQL语言中,SELECT既可以实现单表的简单查询,又可以实现多表的嵌套查询和连接查询。

一、单表查询

单表查询指只涉及一个关系的查询。

（一）选择关系中的若干列

选择表中的所有列或部分列,即为投影运算。

1.查询全部列

选出表中的全部列有两种方法,一种是在SELECT关键字后面列出所有的列名,并以","分割,指定的列顺序可以不与表中顺序一致;另一种是在SELECT关键字后面指定"*",此时输出列的顺序必与原表顺序一致。

例如:查询出全体用户的详细信息。

SELECT*

FROM USER1;

等价于

SELECT ID, NAME, PASSWORD, ADDRESS, POSTCODE,

EMAIL, HOME_PHONE, CELL_PHONE, OFFICE_PHONE

FROM USER1;

2.查询指定列

在多数情况下,用户只对一部分列信息感兴趣,此时就可以在SELECT子句后面指定要查询的属性列名。

查询出图书表中的图书名称及图书价格。

SELECT NAME, PRICE

FROM PRODUCT；

<目标列表达式>中指定的列顺序可以与原表一致，也可以与原表中列顺序不一致，用户可以根据需求调整。

3.查询经过计算的值

SELECT关键字后面的<目标列表达式>既可是表中的属性列，也可以是表达式。

查询出所有用户的姓名及其地址，并且要求用小写字母来表示地址信息。

SELECT NAMEXOWER（ADDRESS）

FROM USER1；

用户可以通过定义别名来改变查询结果的列标题，这对于含有算术表达式、函数名、常量的目标列表达式来说尤为适用。

（二）选择表中的若干元组

1.消除重复行

两个并不相同的元组，投影到某些列后会出现相同的几个元组，此时一般就需要消除重复元组。

例6-1：查询出订购了图书的用户编号。

SELECT USER_ID

FROM USER_ORDER；

由于同一个用户可能订购多种图书，所以上例中得到的USER1_ID可能会有重复值。如果要去掉重复值，则必须用DISTINCT关键字。若没有DISTINCT关键字，则为ALL，即不消除重复值。要特别注意的是，DISTINCT修饰的是其后面的所有列。

SELECT DISTINCT USER1_ID

FROM USER1_ORDER；

SELECT USER1_ID

FROM USER1_ORDER：

等价于

SELECT ALL USER1_ID

FROM USER1ORDER；

2.查询出满足条件的元组

用WHERE子句指定查询中需要满足的条件，WHERE子句常用的查询条件如表6-1所示。

表6-1 常用的查询条件

查询条件	谓词
比较	=，>，<，>=，<=，!=，<>，!>，!<；NOT+上述比较运算符
确定范围	BETWEEN...AND...，NOT BETWEEN...AND...
确定集合	IN，NOT IN
字符匹配	LIKE，NOT LIKE
空值	IS NULL，IS NOT NULL
多重条件（逻辑运算）	AND，OR，NO

（1）比较大小

查询出图书类型编号为01的图书。

SELECT NAME

FROM PRODUCT

WHERE SORTKIND_ID='01'；

（2）确定范围

BETWEEN...AND...可以用来查询在指定范围内的元组，其指定的是闭区间，BETWEEN后为下限，AND后为上限。NOT BETWEEN...AND...用来查询不在指定范围内的元组。

（3）字符匹配

用LIKE谓词进行字符匹配。其一般格式如下：

［NOT］LIKE'＜匹配串＞［ESCAPE'＜换码字符＞'］

上述语句的功能是查询指定属性列值与＜匹配串＞相匹配的元组。＜匹配串＞可以是一个不含通配符的完整字符串（当＜匹配串＞为不含通配符的完整字符串时，LIKE可用"="号代替，NOT LIKE可用"!="代替），也可以含有通配符"%"和"_"。

其中，"%（百分号）"代表出现在指定位置的任意长度（长度可以为0）的字符串；"_"（下划线）代表出现在指定位置的任意单个字符。

（4）确定集合。

用IN谓词可以查找属性值在指定的集合中的元组。

（5）复合条件查询。

逻辑运算符AND和OR可用来连接多条件查询，条件运算顺序为从左到右，且AND优先级高于OR，但用户可以用括号改变优先级。

（6）涉及空值的查询。

例6-2：查询出地址为空的用户姓名及用户编号。

SELECT NAME，ID

FROM USER1
　　WHERE ADDRESS IS NULL；

注意：这里的IS不能用等号（=）替换。当不为空时，用IS NOT NULL表示，不能用（！=）替换。

3.对查询结果进行排序

在SQL语言中，SELECT查询可以用ORDER BY子句对查询结果进行排序，可以根据一个属性排序，也可以按照多个属性排序。

例6-3：查询出订单金额大于100元的详细的订单信息，查询结果按照订单产生时间降序排序。

SELECT*
FROM USER1_ORDER
WHERE COST>100
ORDER BY DATE DESC；

若结果中含有空值，则空值按最大处理。即若按升序排列，则空值将显示在最后；若按降序排列，则空值显示在最前面。

4.函数查询

SQL语言中为方便用户使用，提供了许多聚集函数，常用的SQL聚集函数如表6-2所示。

表6-2　SQL聚集函数

函数	功能
COUNT（[DISTINCT|ALL]*）	统计元组个数
COUNT（[DISTINCT|ALL]<列名>）	统计指定列中值的个数
SUM（[UDISTINCTIALL]<列名>）	计算指定列值的总和
MAX（[DISTINCT|ALL]<列名>）	求指定列值的最大值
MIN（[DISTINCT|ALL1]<列名>）	求指定列值的最小值
AVG（[DISTINCT|ALL1]<列名>）	计算指定列值的平均值

其中，DISTINCT短语指明在计算时要取消指定列中的重复值，而ALL短语则不取消重复值，ALL为缺省值。在聚集函数遇到空值时，除COUNT（*）外，都跳过空值，处理非空值。

注意：WHERE子句中是不能使用聚集函数作为条件表达式的。

5.对查询结果进行分组

GROUP BY子句将查询结果按照某一列或某几列进行分组，值相等的为一组。

例6-4：查询出订单表中各用户的订单总金额。

SELECT SUM（COST）

FROM USER1_ORDER
GROUP BY USER1_ID;

如果分组后想按照某个条件进行筛选，就需要使用HAVING子句指定筛选条件，最终只输出满足条件的组。

WHERE子句和HAVING短语的区别是作用对象不同。其中，WHERE条件作用在整个基本表或视图上，从而筛选出满足条件的元组；而HAVING作用在组上，从而选出满足条件的组。

二、连接查询

上面的查询都是在一个表中进行的，但有时查询需要涉及多个表，此时可以使用连接查询。连接查询是关系数据库中最主要的查询方式，包括普通连接、外连接、复合条件连接查询。

（一）普通连接

普通连接操作只输出满足连接条件的元组。连接查询中用来连接两个表的条件称为连接条件或连接谓词，连接谓词中的列名称为连接字段，其一般格式为：

[＜表名1＞.]＜列名1＞＜比较运算符＞[＜表名2＞.]＜列名2＞

[＜表名1＞.]＜列名1＞BETWEEN[＜表名2＞.]＜列名2＞AND[＜表名3＞.]＜列名3＞连接条件中的各连接字段类型必须是可比的，但名字不必是相同的。连接条件要在WHERE子句中。

例6-5：查询出每个用户及其订购图书的信息。
SELECT USER1.*, USER1_ORDER.*
FROM USER1, USER1_ORDER
WHERE USER1.ID=USER1_ORDER.USER1_ID; /*将两表中同一用户的信息连接起来*/

在连接查询中，为了避免混淆，要在属性名前面加上表名前缀。如果属性名在参加连接的表中是唯一的，则可以省略表名前缀。

若没有指定两表的连接条件，则两表做广义笛卡儿积，即两表元组交叉乘积，其连接结果会产生一些没有意义的元组，所以这种运算实际上很少用。

若连接条件中的连接运算符是等号（=），则该连接是等值连接，其中会有相同的重复属性列。如果去掉重复的属性列，则是自然连接。

一般情况下，并不需要将两个表中的所有属性列均显示出来，只是将用户需要的属性列在SELECT子句中列出来即可。在指定输出的属性列中，如果有两个表中都存在的属性，则需要在属性名前面加上表名前缀，否则不需要加表名前缀。

COST属性前面没有加表名前缀，是因为只有USER1_ORDER表中有COST属性，不会引起混淆。

连接不仅可以在两个不同的表中进行，也可以是一个表与其自身进行连接，称为自身连接，这种连接在实际查询中经常会用到。

注意：连接查询方式只用一个查询块，并且必须在WHERE子句中给出连接谓词。当目标列中涉及的属性在不同表中时，只能使用连接查询方式进行查询。

（二）外连接

通常情况下，连接操作只会将满足条件的元组作为结果输出，例如USER1表和USER1_ORDER表做普通连接时只会输出满足条件的元组，没有订购图书的用户就不会显示出来。但有时我们想要以USER1表为主体列出每个用户的基本情况及其订购图书的情况（若某个用户没有订购图书，只输出其用户基本信息，其订购图书的信息为空即可），这时就需要应用外连接（OUT JOIN）。

例6-6：查询出用户的订购图书的信息，没有订购图书的用户其订购信息为空。

SELECT USER1.ID, USER1.NAME, USER1_ORDER.ID, USER1_ORDER.COST,
USER1_ORDER.DATE
FROM USER1 LEFT OUT JOIN USER1_ORDER ON
（USER1.ID=USER1_ORDER.USER1_ID）;

这个例子为左外连接，即列出左边关系中的所有元组，用LEFT指定左外连接。右外连接即列出右边关系中的所有元组，用RIGHT指定右外连接。

用右外连接实现这个例子中的查询：

SELECT USER1.ID, USER1.NAME, USER1_ORDER.ID, USER1_ORDER.COST,
USER1_ORDER.DATE
FROM USER1_ORDER RIGHT OUT JOIN USER1 ON
（USER1.ID=USER1_ORDER.USER1_ID）;

（三）复合条件连接

在上面的例子中，WHERE条件中只有一个条件，但多数时候WHERE子句中会有多个条件，这就称为复合条件连接。

三、嵌套查询

在SQL语言中，一个SELECT—FROM—WHERE语句称为一个查询块。将一个查询块嵌套在另一个查询块的WHERE子句或HAVING短语的条件中的查询称为嵌套查询（Nested Query）。

在SQL语言中，可以多层嵌套查询，即一个子查询还可以嵌套另外一个子查询。特别要注意，子查询中不能有ORDER BY子句，只有最外层的最终查询结果才可以使用ORDER BY子句进行排序。

嵌套查询一般的求解方法是由里向外处理，即每一个子查询在其上一级查询处理之前求解，子查询结果用于建立其父查询的查询条件。

嵌套查询可以使多个简单查询嵌套成一个复杂的查询。这样通过层层嵌套的方法来构造查询，可以提高SQL语言的查询能力。这种层层嵌套的方法正是SQL中"结构化"的含义所在。

当目标列中涉及的属性在同一个表中时，就可以使用嵌套查询。需要注意的是，连接查询和嵌套查询可以在一个查询中同时出现。

（一）带有IN谓词的子查询

在嵌套查询中，子查询的结果往往是一个集合，所以谓词IN是嵌套查询中最常用的谓词。

例6-7：查询出计算机类的图书编号及图书名称。

先分步完成子查询，然后再构造嵌套查询。

①先确定计算机类图书的编号。

SELECT ID

FROM SORTKIND

WHERE NAME='计算机'；

②查找所有图书类型编号为01的图书编号及图书名称。

SELECT ID, NAME

FROM PRODUCT

WHERE SORTKIND_ID='01'；

将第一步的查询结果嵌套到第二步的查询条件中去，构造嵌套查询。SQL嵌套查询语句如下：

```
SELECT ID, NAME
FROM PRODUCT
WHERE SORTKIND_ID IN
（SELECT ID
FROM SORTKIND
WHERE NAME='计算机'）；
```

以上的嵌套查询也可以用连接查询来实现：

```
SELECT ID, NAME
FROM PRODUCT, SORTKIND
WHERE PRODUCT.SORTKIND_ID=SORTKIND.ID AND
SORTKIND.NAME='计算机'；
```

由此可见，实现同一个查询可以使用不同的方法，但不同的方法其执行效率可能有所不同，也有可能会有很大差别。

当查询涉及多个关系时，用嵌套来实现查询求解，层次清晰，易于构造，具有结构化程序设计的优点。

有些嵌套查询可以用连接查询来实现，但有些则不行，最终想用哪种方法来实现查询由用户习惯决定。

子查询结果不依赖于父查询结果，这类查询为不相关子查询，这是最简单的一种查询。

（二）带有比较运算符的子查询

当子查询结果返回的是一个单值时，父查询和子查询之间可以用比较运算符＞，＞=，＜，＜=，=，！=，＜＞等进行连接。

例6-8：在上例中，由于计算机类的图书类型编号只有一个，也就是说内查询结果只返回一个值，因此可以用"="代替IN，其SQL语句如下：

```
SELECT ID, NAME
FROM PRODUCT
WHERE SORTKIND_ID=
（SELECT ID
FROM SORTKIND
WHERE NAME='计算机'）
```

需要特别注意的是，子查询结果一定要跟在比较运算符后面。下面的写法是错误的：

```
SELECT ID, NAME
```

```
FROM PRODUCT
WHERE（SELECTID
FROM SORTKIND
WHERE NAME='计算机'）=SORTKIND_ID;
```

求解相关子查询不像求解不相关子查询那样，一次将子查询求解出来，然后求解父查询。内查询由于与外查询有关，因此必须反复求值。

（三）带有ANY和ALL谓词的子查询

单独使用比较运算符时，要求子查询返回的结果必须为单值。若子查询返回的是一个集合，就要使用带有ANY和ALL谓词的比较运算符，其语义组合如表6-3所示。

实际上用聚集函数实现子查询通常比直接使用ANY或ALL查询效率要高，ANY、ALL谓词与聚集函数、IN谓词的等价转换关系如表6-4所示。

表6-3 带有ANY和ALL谓词的比较运算符及其语义

比较运算符	语义
>ANY	大于子查询结果中的某个值
>ALL	大于子查询结果中的所有值
>=ANY	大于等于子查询结果中的某个值
>=ALL	大于等于子查询结果中的所有值
!=（或<>）ANY	不等于子查询结果中的某个值
!=（或<>）ALL	不等于子查询结果中的任何一个值
<ANY	小于子查询结果中的某个值
<ALL	小于子查询结果中的所有值
<=ANY	小于等于子查询结果中的某个值
<=ALL	小于等于子查询结果中的所有值
=ANY	等于子查询结果中的某个值
=ALL	等于子查询结果中的所有值（通常没有实际意义）

表6-4 ANY，ALL谓词与聚集函数、IN谓词的等价转换关系

比较运算符	<	<=	=	<>或!=	>	>=
ANY	<MAX	<=MAX	IN	—	>MIN	>=MIN
ALL	<MIN	<=MIN	—	NOT IN	>MAX	>=MAX

第二节　视图管理

视图由一个或多个数据表、视图导出的虚拟表或查询表组成，是关系数据库系统为用户提供的从多种角度观察数据库中数据的重要机制。

一、视图概述

视图是从一个或者几个基本表、视图中导出的虚拟表，是从现有基表中抽取若干子集组成用户的"专用表"，这种构造方式必须使用SQL中的SELECT语句实现。在定义一个视图时，只把其定义存放在数据库中，并不直接存储视图对应的数据，直到用户使用视图时才去查找对应的数据。

使用视图具有如下优点。

（一）简化对数据的操作

视图可以简化用户操作数据的方式。将经常使用的连接、投影、联合查询和选择查询定义为视图，可以在每次执行相同的查询时，不必重写复杂的语句，而只要一条简单的查询视图语句即可。视图可以向用户隐藏表与表之间复杂的连接操作。

（二）自定义数据

视图能够让不同用户以不同方式看到不同的或相同的数据集，即使不同水平的用户共用同一数据库时也是如此。

（三）数据集中显示

视图使用户着重于其感兴趣的某些特定数据或所负责的特定任务，可以提高数据操作效率，增强数据的安全性，因为用户只能看到视图中所定义的数据，而不是基本表中的数据。

（四）导入和导出数据

可以使用视图将数据导入或导出。

（五）合并分割数据

在某些情况下，由于表中数据量太大，在表的设计过程中可能需要经常对表进行水平分割或垂直分割。此时，表结构的变化会对应用程序产生不良的影响。使用视图可以保持原有的结构关系，从而使外模式保持不变，原有的应用程序仍可以通过视图重载数据。

（六）安全机制

视图可以作为一种安全机制。通过视图，用户只能查看和修改他们能看到的数据，其他数据库或表既不可见也不可访问。

二、创建视图

在SQL中，使用CREATE VIEW语句创建视图的语法格式如下：
CREATE[OR REPLACE]VIEW＜视图名＞[（字段名[，…]）]
AS SELECT语句
[WITH CHECK OPTION];

说明：

第一，OR REPLACE允许在同名的视图中，用新的语句替换旧的语句。

第二，SELECT语句定义视图的SELECT命令。

第三，WITH CHECK OPTION强制所有通过视图修改的数据满足SELECT语句中指定的选择条件。

第四，视图中的SELECT命令不能包含FROM子句中的子查询，不能引用系统变量或局部变量。

第五，在视图定义中命名的表必须已经存在，不能引用TEMPORARY表，不能创建TEM-PORARY视图，不能将触发程序与视图关联在一起。

例6-9：在数据库D.sample中定义视图查询学生的姓名、课程名称和成绩。

SQL语句如下：

use D_sample;

create view v1

as

select 姓名, 课程名称, 成绩

from student a, course b, sc c

where a.学号=c.学号 and b.课程号=c.课程号;

视图定义后，可以像查询基本表一样进行查询。例如，若要查询以上定义的视图v1，可以使用如下SQL语句：

select*from v1;

在安装系统和创建数据库之后，只有系统管理员sa和数据库所有者DBO具有创建视图的权限，此后他们可以使用GRANT CREATE VIEW命令将权限授予其他用户。此外，视图创建者必须具有在视图查询中包括的每一列的访问权。

三、更新视图

在SQL语句中，使用ALTER VIEW语句修改视图，其语法格式如下：
ALTER VIEW<视图名>[（字段名[,…]）]
AS SELECT语句
[WITH CHECK OPTION]；

说明：如果在创建视图时使用了WITH CHECK OPTION选项，则在使用ALTER VIEW命令时，也必须包括该选项。

例6-10：修改例6-9中的视图v1。

SQL语句如下：
alter view v1
as
select学号，姓名from student;

四、删除视图

在SQL中，使用DROP VIEW语句删除视图，其语法格式如下：
DROP VIEW{视图名}[,…]；

DROP VIEW语句可以删除多个视图，各视图名之间用逗号分隔。

例6-11：删除视图v1。

SQL语句如下：
drop view v1;

说明：

第一，删除视图时，将从系统目录中删除视图的定义和有关视图的其他信息，并删除视图的所有权限；

第二，使用DROP TABLE删除的表上的任何视图都必须使用DROP VIEW语句删除。

项目实践：教务管理系统中视图管理的应用

第一，在数据库D_eams中创建视图V_sc，查询成绩大于90分的所有学生选修成绩的信息。SQL语句如下：

```
use D_eams;
create view V_sc
as
select*from T_sc
where 成绩>90;
```

第二，创建视图V.course，查询选修课程号07005的所有学生的视图，SQL语句如下：

```
create view V_course
as
select a.学号, 姓名 from T_student a, T_sc b
where a.学号=b.学号 and 课程号='07005';
```

第三，创建视图V_student，查询学生姓名、课程名称和成绩等信息的视图，SQL语句如下：

```
create view V_student
as
select 姓名, 课程名称, 成绩 from T_student a, T_sc b, T_course c
where a.学号=b.学号 and b.课程号=c.课程号;
```

第四，修改视图V_sc，查询成绩大于90分且开课学期为第三学期的所有学生选修成绩的信息，SQL语句如下：

```
alter view V_sc
as
select 成绩 from T_sc a, T_course b
where a.课程号=b.课程号 and 开课学期='3';
```

第五，将视图V_student删除，SQL语句如下：

```
drop view V_student;
```

练习题

1. 简述SELECT语句结构。
2. 简述连接查询的分类。
3. 简述UNION操作符和JOIN操作符的区别与联系。

第七章 索引与触发器操作

本章导读

在MySQL数据库中,数据库对象表是存储和操作数据的逻辑结构,而这里所要介绍的数据库对象索引则是一种有效组合数据的方式。通过索引对象,可以快速查询到数据库对象表中的特定记录,是一种提高性能的常用方式。

一个索引会包含表中按照一定顺序排序的一列或多列字段。索引的操作包含创建索引、修改索引和删除索引,这些操作是MySQL软件中最基本、最重要的操作。

学习目标

1. 熟悉索引的概念与类型
2. 理解 MySQL 索引的应用
3. 掌握触发器的基本操作

第一节 索引的概念与类型

用户对数据库最频繁的操作是数据的查询。一般情况下,数据库在进行查询时,需要对整张表进行搜索。当表中的数据很多时,搜索就需要很长的时间,这就造成了服务器的资源浪费。为了提高检索数据的能力,数据库引入了索引机制。

一、索引的概念

索引用于快速找出在某个列中有一特定值的行；不使用索引，MySQL必须从第一条记录开始读完整个表，直到找出相关的行；表越大，查询数据所花费的时间就越多，如果表中查询的列有一个索引，MySQL能够快速到达一个位置去搜索数据文件，而不必查看所有数据，那么将会节省很大一部分时间。例如，有一张表，表中有2万条记录，如果没有索引，那么将从表中的第一条记录起一条条往下遍历，直到找到该条信息为止；如果有了索引，那么会通过索引字段，快速地找到对应的数据。

二、索引的类型

MySQL中索引的存储类型有两种：btree和hash，也就是用树（从父节点开始一次遍历子节点、子子节点等）或hash值（键值对）来存储该字段。

索引是在存储引擎中实现的，就是说不同的存储引擎，会使用不同的索引。

MyISAM和InnoDB存储引擎，只支持btree索引；

MEMORY/HEAP存储引擎，支持hash和btree索引。

索引分为：单列索引（普通索引、唯一索引、主键索引）、组合索引、全文索引和空间索引。

三、创建索引前的准备

在创建索引之前，需要做一些准备工作：

· 最好能对空表创建索引，所以建议应在创建表的同时设置索引。这是因为如果表中已存有数据，可能会给索引的创建带来一定的麻烦，甚至导致创建失败。例如，如果某一字段已有重复值，则任何试图创建唯一索引的努力都将失败。

· 提高数据查询的速度，一般创建索引的列为很少改动的列。

· 更新频繁的列不应设置索引。

· 数据量小的表不要使用索引（毕竟总共2页的文档，还要目录吗？）。

· 重复数据多的字段不应设为索引（比如性别，只有男和女。一般来说，重复的数据超过百分之十五就不该建索引）。

· 首先应该考虑对where和order by涉及的列上建立索引。

注意：

如果在创建表时已设置了主键，则数据表会自动生成一个主键索引。

四、如何创建索引

在MySQL中创建表的时候，可以直接创建索引。基本的语法格式如下：
CREATE TABLE表名
（
字段名数据类型[完整性约束条件],
[UNIQUE FULLTEXT SPATIAL]INDEX KEY
[索引名]（字段名1[（长度）][ASC DESC])
）；

其中各参数的含义如下：

· UNIQUE：可选。表示索引为唯一性索引。

· FULLTEXT：可选。表示索引为全文索引。

· SPATIAL：可选。表示索引为空间索引。

· INDEX和KEY：用于指定字段为索引，两者选择其中之一就可以了，作用是一样的。

· 索引名：可选。给创建的索引取一个新名称。

· 字段名1：指定索引对应的字段的名称，该字段必须是前面定义好的字段。

· 长度：可选。指索引的长度，必须是字符串类型才可以使用。

· ASC：可选。表示升序排列。

· DESC：可选。表示降序排列。

如果在创建索引时没写索引名称，MySQL会自动用字段名作为索引名称。

在执行CREATE TABLE语句时可以创建索引，也可以单独用CREATE INDEX或ALTER TABLE来为表增加索引。

1.ALTER TABLE

ALTER TABLE用来创建普通索引、UNIQUE索引或PRIMARY KEY索引。

ALTER TABLE table_name ADD INDEX index name（column_list)

ALTER TABLE table_name ADD UNIQUE （column_list)

ALTER TABLE table_name ADD PRIMARY KEY （column_list)

其中table_name是要增加索引的表名，column_list指出对哪些列进行索引，多列时各列之间用逗号分隔。索引名index name可选，缺省时，MySQL将根据第一个索引列赋一个名称。另外，ALTER TABLE允许在单个语句中更改多个表，因此可以在同时创建多个索引。

2.CREATE INDEX

CREATE INDEX可对表增加普通索引或UNIQUE索引。

CREATE INDEX index_name ON table_name （column_list）
CREATE UNIQUE INDEX index_name ON table_name （column_list）

table_name、index_name和column_list具有与ALTER TABLE语句中相同的含义，索引名不可选。另外，不能用CREATE INDEX语句创建PRIMARY KEY索引。

五、删除索引

删除索引可以使用ALTER TABLE或DROP INDEX语句来实现。DROP INDEX可以在ALTER TABLE内部作为一条语句处理，其格式如下：

drop index index_name on table_name
alter table table_name drop index index_name；
alter table table_name drop primary key

其中，在前面的两条语句中，都删除了table_name中的索引index_name。

而在最后一条语句中，只在删除PRIMARY KEY索引中使用，因为一个表只可能有一个PRIMARY KEY索引，因此不需要指定索引名。如果没有创建PRIMARY KEY索引，但表具有一个或多个UNIQUE索引，则MySQL将删除第一个UNIQUE索引。如果从表中删除某列，则索引会受影响。对于多列组合的索引，如果删除其中的某列，则该列也会从索引中删除。如果删除组成索引的所有列，则整个索引将被删除。

六、MySQL索引的优缺点

"水可载舟，亦可覆舟"，索引也是如此。索引有助于提高检索性能，但过多或不当的索引也会导致系统低效。因为用户在表中每新建一个索引，数据库就要做更多的工作。过多的索引甚至会导致索引碎片。

所以说，要建立一个"适当"的索引体系，使数据库能得到高性能的发挥。下面看一下使用索引的优缺点。

1. 索引的优点

· 创建唯一性索引，保证数据库表中每一行数据的唯一性。

· 大大加快了数据的检索速度，这也是创建索引的最主要的原因。

· 加速表和表之间的连接，特别是在实现数据的参照完整性方面特别有意义。

· 在使用分组和排序子句进行数据检索时，同样可以显著减少查询中分组和排序的时间。

· 通过使用索引，可以在查询的过程中使用优化隐藏器，提高系统的性能。

2.索引的缺点

·创建索引和维护索引要耗费时间,这种时间随着数据量的增加而增加。

·索引需要占物理空间,除了数据表占数据空间之外,每一个索引还要占一定的物理空间,如果要建立聚集索引,那么需要的空间就会更大。

·当对表中的数据进行增加、删除和修改的时候,索引也要动态地维护,这样就降低了数据的维护速度。

第二节　MySQL索引应用

一、MySQL创建普通索引

创建一个普通索引时,不需要加任何UNIQUE、FULLTEXT或者SPATIAL参数。

实例:创建一个名为index1的数据表,在表内的id字段上建立一个普通索引。

(1)创建普通索引的SQL代码如下:

```
CREATE TABLE index1 (
id INT,
name VARCHAR（20）,
sex BOOLEAN,
INDEX（id）
）;
```

在提示符窗口中查看MySQL创建普通索引的操作效果,如图7-1所示。

```
[SQL]CREATE TABLE index1(id INT,
        name VARCHAR(20),
        sex BOOLEAN,
        INDEX(id)
);
受影响的行: 0
时间: 0.009s
```

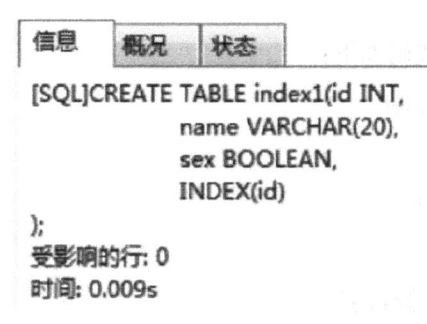

图7-1　查看MySQL创建普通索引的操作效果

从图7-1可以看出，运行结果显示普通索引创建成功。

（2）使用SHOW CREATE TABLE语句查看表的结构，如图7-2所示。

图7-2　使用SHOW CREATE TABLE语句查看表的结构

从图7-2中可以看出，在id字段上已经建立了一个名为id的普通索引。语句：
KEYid（id）

圆括号内的id是字段名称，圆括号左侧外面的id是索引名称。

（3）使用EXPLAIN语句查看索引是否被使用。SQL代码如下：
EXPLAIN SELECT*FROM index1 where id=1

在软件中查看使用EXPLAIN语句查看索引是否被使用的操作效果，如图7-3所示。

图7-3　使用EXPLAIN语句查看索引是否被使用的操作效果

图7-3的结果显示，possible keys和key的值都为id。说明id索引已经存在，并且查询时已经使用了索引。

二、MySQL创建唯一性索引

如果使用UNIQUE参数进行约束，则可以创建唯一性索引。

实例：创建一个名为index2的数据表，在表内的id字段上建立一个唯一性索引，并且设置id字段以升序的形式排列。

（1）创建一个唯一性索引的SQL代码如下：
CREATE TABLE index2（id INT UNIQUE,
name VARCHAR（20），
UNIQUE INDEX index2_id（id ASC）
）；

index2_id是为唯一性索引起的一个新名字。

在提示符窗口中查看MySQL创建唯一性索引的操作效果，如图7-4所示。

信息概况状态

[SQL]CREATE TABLE index2（id INT UNIQUE,

name VARCHAR（20），

UNIQUE INDEX index2_id（id ASC）

）；

受影响的行：0

时间：0.007s

图7-4 查看MySQL创建唯一性索引的操作效果

从图7-4可以看出，运行结果显示创建成功。

（2）使用SHOW CREATE TABLE语句查看表的结构。SQL代码如下：

SHOW CREATE TABLE index2

在提示符窗口中查看使用SHOW CREATE TABLE语句查看表的结构的效果，如图7-5所示。

图7-5 使用SHOW CREATE TABLE语句查看表的结构的效果

从图7-5可以看出，在id字段上建立了名为id和index2_id的两个唯一性索引。这样做，可以提高数据的查询速度。

如果在创建index2表时，id字段没有进行唯一性约束。如下所示：

CREATE TABLE index2（id INT,

name VARCHAR（20）

UNIQUE INDEX index2_id（id ASC）

）；

则也可以在id字段上成功创建名为index2_id的唯一性索引。但是，这样可能达不到提高查询速度的目的。

三、MySQL创建全文索引

全文索引使用FULLTEXT参数，并且只能在CHAR、VARCHAR或TEXT类型的字段上创建。全文索引可以用于全文搜索。现在，MyISAM存储引擎和InnoDB存储引擎都支持全文索引。

实例：创建一个名为index3的数据表，在表中的info字段上建立名为index3_info的全文索引。

（1）创建全文索引的SQL代码如下：

```
CREATE TABLE index3（id INT,
info VARCHAR（20），
FULLTEXT INDEX index3_info（info）
）ENGINE=MyISAM;
```

如果设置ENGINE=InnoDB，则可以在InnoDB存储引擎上创建全文索引。

在提示符窗口中查看MySQL创建全文索引的操作效果，如图7-6所示。

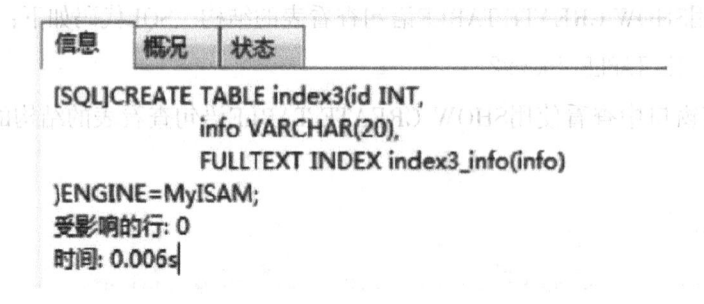

图7-6　查看MySQL创建全文索引的操作效果

从图7-6中可以看出，代码的执行结果显示创建成功。

（2）使用SHOW CREATE TABLE语句查看index3数据表的结构，如图7-7所示。

图7-7　使用SHOW CREATE TABLE语句查看index3数据表的结构

从图7-7可以看出，在info字段上已经建立了一个名为index3_info的全文索引。

注意：

使用的是MySQL5.6.19版本，已经可以在InnoDB存储引擎中创建全文索引了。全文索引非常适合于大型数据集，对于小的数据集，它的用处可能比较小。

四、MySQL创建单列索引

单列索引是在数据表的单个字段上创建的索引。一个表中可以创建多个单列索引。唯一性索引和普通索引等都为单列索引。

实例：创建一个名为index4的数据表，在表中的subject字段上建立名为index4_st的单列索引。

（1）创建单列索引的SQL代码如下：

CREATE TABLE index4（id INT，

subject VARCHAR（30），

INDEX index4_st（subject（10））

）；

在DOS提示符窗口中查看MySQL创建单列索引的操作效果，如图7-8所示。

图7-8　在DOS提示符窗口中查看MySQL创建单列索引的操作效果

从图7-8可以看出，代码执行的结果显示创建成功。

（2）使用SHOW CREATE TABLE语句查看index4数据表的结构，如图7-9所示。

图7-9　使用SHOW CREATE TABLE语句查看index4数据表的结构

从图7-9可以看出，在subject字段上已经建立了一个名为index4_st的单列索引。

注意：

subject字段长度为30，而index4_st设置的索引长度只有10，这样做是为了提高查询速度。对于字符型的数据，可以不用查询全部信息，而只查询它前面的若干字符信息。

五、MySQL创建多列索引

创建多列索引是在表的多个字段上创建一个索引。

实例：创建一个名为index5的数据表，在表中的name和sex字段上建立名为index5_ns的多列索引。

（1）创建多列索引的SQL代码如下：
CREATE TABLE index5（id INT,
name VARCHAR（20），
sex CHAR（4），
INDEX index5_ns（name，sex）
）；

在提示符窗口中查看MySQL创建多列索引的操作效果，如图7-10所示。

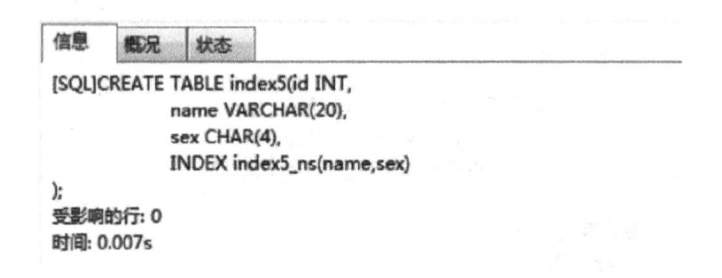

图7-10　查看MySQL创建多列索引的操作效果

从图7-10可以看出，代码的执行结果显示index5_ns索引创建成功。

（2）使用SHOW CREATE TABLE语句查看index5数据表的结构，如图7-11所示。

图7-11　使用SHOW CREATE TABLE语句查看index5数据表的结构

从图7-11可以看出，name和sex字段上已经建立了一个名为index5_ns的多列索引。

（3）多列索引中，只有查询条件中使用了这些字段中第一个字段时，索引才会被使用。先在index5数据表中添加一些数据记录，然后使用EXPLAIN语句可以查看索引的使用情况。

EXPLAIN SELECT*FROM index5 where name='王三宝'

如果只是使用name字段作为查询条件进行查询，如图7-12所示。

id	select_type	table	type	possible_keys	key	key_len	ref	rows	Extra
1	SIMPLE	index5	ref	index5_ns	index5_ns	63	const	1	Using where

图7-12 使用name字段作为查询条件进行查询

从图7-12可以看出，possible keys和key的值都是index5_ns。Extra（额外信息）显示正在使用索引。这说明使用name字段进行索引时，索引index5_ns已经被使用。

（4）如果只使用sex字段作为查询条件进行查询。

EXPLAIN SELECT*FROM index5 where sex='男'

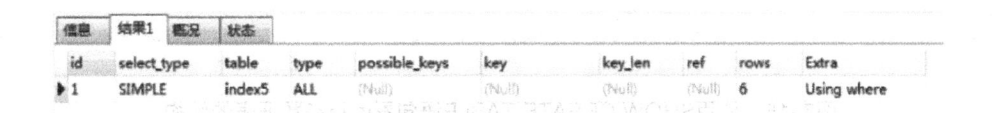

查询结果如图7-13所示。

id	select_type	table	type	possible_keys	key	key_len	ref	rows	Extra
1	SIMPLE	index5	ALL	(Null)	(Null)	(Null)	(Null)	6	Using where

图7-13 只使用Sex字段作为查询条件查询的后果效果

从图7-13可以看出，possible keys和key的值都是NULL。Extra（额外信息）显示正在使用where条件查询，而未使用索引。

注意：

使用多列索引时一定要特别注意，只有使用了索引中的第一个字段时才会触发索引。如果没有使用索引中的第一个字段，那么这个多列索引就不会起作用。因此，在优化查询速度时，可以考虑优化多列索引。

六、MySQL创建空间索引

使用SPATIAL参数能够创建空间索引。创建空间索引时，表的存储引擎必须是MyISAM类型。而且，索引字段必须有非空约束。

实例：创建一个名为index6的数据表，在表中的space字段上建立名为index6_sp的空间索引。

（1）创建空间索引的SQL代码如下：

```
CREATE TABLE index6（id INT,
space GEOMETRY NOT NULL,
SPATIAL INDEX index6_sp（space）
）ENGINE=MyISAM;
```

在提示符窗口中查看MySQL创建空间索引的操作效果,如图7-14所示。

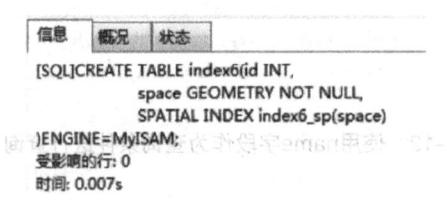

图7-14 查看MySQL创建空间索引的操作效果

从图7-14可以看出,代码执行的结果显示空间索引创建成功。

（2）使用SHOW CREATE TABLE语句可看index6数据表的结构,如图7-15所示。

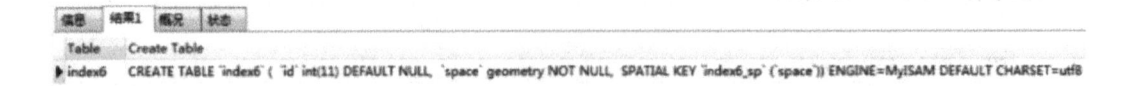

图7-15 使用SHOW CREATE TABLE语句看index6数据表的结构

从图7-15可以看出,在space字段上已经建立了一个名为index6_sp的空间索引。

注意: space字段是非空的,而且数据类型是GEOMETRY类型。这个类型是空间数据类型。空间数据类型包括GEOMETRY、POINT、LINESTRING和POLYGON类型等。这些空间数据类型平时很少用到。

第三节 触发器操作

一、触发器的概念

（一）为什么使用触发器

强制业务规则（例如前面所举的例子）只是使用触发器的原因之一。出于以下某种目的，可能都会考虑使用这种方便的特性。

1.审计跟踪

假设使用MySQL记录Apache流量日志（例如使用Apache mod log sql模块），但还希望创建另外一个特殊的日志表只跟踪网站区域流量，能快速地将结果列表显示给没有耐心的主官。执行此额外的插入操作可以通过触发器自动完成。

2.验证

可以使用触发器在更新数据库之前验证数据，例如确保满足最低订单阈值。

3.强制引用完整性

根据可靠的数据库管理实践，表的关系在项目的整个生命周期中要保持稳定。与其尝试通过编程来加入所有完整性约束，不如使用触发器，有时使用触发器来确保这些任务自动完成很有意义。

触发器的使用远远不只是能满足上述目的。假设希望在公司每月收入达到100万美元时更新公司的网站；或者假设希望向每周旷工两天以上的员工发送电子邮件；再或者可能希望某种产品库存量偏低时通知厂商，所有这些任务都能用触发器很方便地完成。

为了更好地了解触发器的使用，考虑两个情景：第一个使用前触发器（before trigger），即触发器发生在事件之前；第二个使用后触发器（after trigger），即触发器发生在事件之后。

（二）在事件前采取行动

假设一个食品分销商在处理事务前，要求用户至少购买10美元咖啡。如果用户尝试向购物车增加少于此数量的咖啡，将自动增加到10美元。此过程可以用前触发器轻松地完成。在此示例中，它将计算试图向购物车中插入的商品，如果咖啡购买量过低则增加到10美元。其一般过程如下：

Shopping cart insertion request submitted:

If product identifier set to' coffee':

If dollar amount<$10:

Set dollar amount=$10;

End IF

End If

Process insertion request

（三）在事件后采取行动

大多数问讯处支持软件都采用票证分配和解决范式。票证由问讯处技术员分配和解决,他们负责记录票证信息日志。但是,有时允许技术员离开岗位,可能是由于假期或生病。在他缺席期间客户不能一直等待着这个技术员回来,所以该技术员的票证应当放回池中,由经理重新分派。此过程应当自动完成,从而不至于漏掉重要的票证。因此,使用触发器以确保不会疏忽是有意义的。

用示例说明,见表7-1、表7-2。

表7-1 technician表

ID	Name	email	available
1	Jason	Jason@example.com	1
2	Robert	Robert@example.com	1
3	Matt	Matt@example.com	1

表7-2 tickets表

ID	userName	title	description	Technician Id
1	Smith22	Disk drive	Disk stuck indrive	1
2	Gilroy4	Broken keyboard	Enter key is stuck	1
3	Cornell15	Login problems	Forgot password	3
4	Mills443	Login problems	Forgot username	2

因此,为指示技术员离开了办公室,technician表中的available标志需要相应地设置(0表示离开办公室,1表示在办公室)。如果执行查询将给定技术员的该字段设置为0,则他的票证应当都放回通用池中,最终被重新分派。后触发器过程如下:

Technician table update request submitted:

If available column set to 0:

Update tickets table, setting any Flag assigned

to the technician back to the general pool.

End If

(四) 前触发器和后触发器

如果使用前触发器而不是后触发器会怎么样。例如,在上一节后触发器情景下,为什么不能在修改技术员状态之前重新分配票证?标准实践指出,在验证或修改要插入或更新的数据时应当使用前触发器。前触发器不应用于保证传播或引用完整性,因为可能会有其他前触发器在其后执行,这意味着正在执行的触发器可能在操作那些很快变得无效的数据。

另一方面,要针对其他表传播或验证数据时,或在完成计算时,应当使用后触发器。因为这样可以确定触发器操作的是最终数据。

（五）MySQL对触发器的支持

MySQL自版本5.0.2开始支持触发器，但在编写本书时，这个新特性仍在不断地开发中。虽然前面介绍的示例展示了可能的功能，但仍有一些局限性。例如，在5.0.12 beta版中，存在以下不足：

（1）不支持TEMPORARY表。触发器不能用于TEMPORARY表。

（2）不支持视图。触发器不能用于视图。

（3）无法从触发器中返回结果集。这确实是个主要缺点，肯定会在未来版本中解决。但是，可以使用SELECT语句结合MySQL的许多函数来操作目标查询中的数据。

（4）不支持事务。事务的开始和结束不能涉及触发器。

（5）不支持存储过程。存储过程不能在触发器中执行。

（6）触发器必须唯一。不可能针对同一个表、事件（INSERT、UPDATE、DELETE）和时间（前、后）创建多个触发器。但是，因为可以在一个查询中执行多条命令（很快将学到），所以这实际上并不是问题。

（7）错误处理和报告功能很弱。虽然在前触发器或后触发器失败时MySQL可以如期防止操作继续执行，但当前没有一种妥善的方式能让触发器失败并向用户返回有用的信息。

虽然这些限制在实际使用触发器时会有些困难，但要记住它仍在进步。也就是说，甚至在这个早期开发阶段，还是有很多机会可以利用这个重要的新特性。接下来，我们来学习如何开始将触发器集成到MySQL数据库中。

二、MySQL实现触发器

（一）创建触发器

MySQL触发器是使用非常简单的SQL语句创建的。其语法形式如下：

CREATE
[DEFINER=USER CURRENT_USER]
TRIGGER <trigger_name>
{BEFORE|AFTER}
{INSERT|UPDATE|DELETE}
ON <table name>
FOR EACH ROW

<triggered SQL statement>

从形式中可以看出，可以指定触发器是在查询之前还是之后执行，应当在记录插入、修改还是删除时发生，还可以确定触发器应用于哪个表。

DEFINER子句确定将查看哪个用户账户来确定是否有适当的权限执行触发器中定义的查询。如果定义了DEFINER子句，需要采用'user'@host'语法指定用户名和主机名（例如，'jason'@localhost'）。如果使用CURRENT USER（默认值），就会查看导致执行这个触发器的用户账户的权限。只有拥有SUPER权限的用户才能够为另一个用户指定DEFINER。

如果出现提示使用MySQL5.1.6之前的版本，则需要SUPER权限才能创建触发器；而从5.1.6版本开始，账户有TRIGGER权限就可以创建触发器。

下面实现本章前面描述的问讯处触发器：

```
DELIMITER//
CREATE TRKGER au_reassign ticket
AFTER UPDATE ON technicians
FOR EACH ROW
BEGIN
IF NEW.available=0 THEN
UPDATE tickets SET technician id=0 WHERE technician id=NEW.id;
END IF;
END; //
```

对于被technician表更新所影响的每条记录，此触发器将更新tickets表，如果ticket+technicianID等于更新查询中指定的technicianID值，则将ticket.technicianID设置为0。应该知道，这里使用了查询值，因为在列名前加上了别名NEW。也可以在列名前面加上OLD别名来使用列的原始值。

创建触发器之后，就可以通过向tickets表中插入一些记录，再执行一条UPDATE查询，将技术员的availability列设置为0来进行测试：

```
UPDATE technicians SET available=0 WHERE id=1;
```

现在查看tickets表，将看到原先分配给Jason的两张票证不再分配给他。

触发器命名虽然没有要求，但为触发器采用某种命名约定是一个好主意，这样可以更快地确定每个触发器的作用。例如，可以考虑为每个触发器加上如下字符串作为前缀，触发器创建示例中就采用了这种做法。

（1）ad，在DELETE查询发生之后执行触发器。

（2）ai，在INSERT查询发生之后执行触发器。

（3）au，在UPDATE查询发生之后执行触发器。

（4）bd，在DELETE查询发生之前执行触发器。

（5）di，在INSERT查询发生之前执行触发器。

（6）bu，在UPDATE查询发生之前执行触发器。

（二）查看现有的触发器

在MySQL5.0.10中，可以用两种方法查看现有的触发器：使用SHOW TRIGGERS命令或使用INFORMATION SCHEMA。本节介绍这两种方法。

1.SHOW TRIGGERS命令

SHOW TRIGGERS命令得到一个或一组触发器的多个属性。其形式如下：

SHOW TRIGGERS [FROM db_name][LIKE expr]

因为输出可能一行放不下，所以执行SHOW TRIGGERS时加上\G标记会有用，如下：

mysql>SHOW TRIGGERS\G

假设当前数据库中只有前面创建的au reassign ticket触发器，则输出如下：

Trigger: au_reassign_ticket

Event: UPDATE

Table: technicians

Statement: begin

if NEW.available=0 THEN

UPDATE tickets SET technician id=0 WHERE technician id=NEW.id;

END IF;

END

Timing: AFTER

Created: NULL

Sql_mode: STRICT_TRANS_TABLES, NO_AUTO_CREATE_USER, NO_ENGINE SUBSTITUTION

Definer: root@localhost

character set client: latin1

collation connection: latin1_swedish_ci

Database Collation: latin1_swedish_ci

1 row in set (0.00 sec)

可以看出，所有必要的描述都可以在此找到。但是，使用INFORMATION_SCHEMA数据库查看触发器信息将大为改善。下面将介绍这种方法。

2.INFORMATION SCHEMA

对INFORMATION SCHEMA数据库中的TRIGGERS表执行SELECT查询将显示触发器的有关信息。

```
mysql>SELECT*FROM INFORMATION SCHEMA.triggers
    >WHERE trigger name="au reassign ticket" \G
```

执行此查询可得到比前一个示例所显示的更多信息：

```
TRIGGER_CATALOG: NULL
TRKGER SCHEMA: chapter33
TRGGER_NAME: au_reassign_ticket
EVENT_MANIPULATION: UPDATE
EVENT_OBJECT_CATALOG: NULL
EVENT_OBJECT_SCHEMA: chapter33
EVENT_OBJECT_TABLE: technicians
ACTION_ORDER: 0
ACTION_CONDITION: NULL
ACTION STATEMENT: begin
if NEW.available=0 THEN
UPDATE tickets SET technician_id=0 WHERE technician_id=NEW.id
END IF;
END
ACTION ORIENTATION: ROW
ACTION_TIMING: AFTER
ACTION_REFERENCE OLD TABLE: NULL
ACTION_REFERENCE NEW TABLE: NULL
ACTION_REFERENCE OLD ROW: OLD
ACTION_REFERENCE NEW ROW: NEW
CREATED: NULL
SQL_MODE: STRICT_TRANS_TABLES, NO_AUTO_CREATE_USER, NO_ENGINE SUBSTITUTION
    DEFINER: root@localhost
    CHARACTER_SET_CLIENT: latin1
    COLLATION_CONNECTION: latin1_swedish_ci
    DATABASE_COLLATION: latin1_swedish_ci
```

当然，查询INFORMATION SCHEMA数据库的妙处在于，这比使用SHOW要灵活得多。例如，假设要管理多个触发器，希望知道哪些触发器在语句之后触发。

SELECT trigger name FROM INFORMATION SCHEMA.triggers WHERE action timing="AFTER"或者可能想知道technician表是INSERT.UPDATE或DELETE查询的目标时会执行哪些触发器：

mysql>SELECT trigger name FROM INFORMATION SCHEMA.triggers WHERE
>event object table="technicians"

（三）修改触发器

最简单的方法删除后重新创建。

（四）删除触发器

很有可能（尤其是在开发阶段）希望删除一个触发器，或者在不需要该动作时将其删除。这是使用DROP TRIGGER语句完成的，其形式如下：

例如，为删除au_reassign_ticket触发器，执行如下命令：

DROP TRKGER technicians.au_reassign ticket;

成功执行DROP TRIGGER需要TRIGGER或SUPER权限。

注意：

删除数据库或表时，所有相应的触发器也都将被删除。

练习题

1.什么是触发器，引入触发器的意义何在？

2.可以启动触发器的事件有：（   ）、（   ）和（   ）等一些可以改变数据表中数据的一些操作。

3.在MySQL中，触发器执行的顺序是（   ）、（   ）和（   ）。

4，MySQL的分支结构控制语句有（   ）和（   ），循环结构控制语句有（   ）、（   ）和（   ）。

5.在UPDATE型触发器中，（   ）用来表示将要或已经被修改的原数据，（   ）用来表示将要或已经修改为的新数据。

第八章 数据库的安全机制

第一节 权限管理

创建用户账户后,需要为用户分配适当的访问权限,因为新创建的账户没有访问权限,只能登录MySQL服务器,不能执行任何数据库操作。可以使用SHOW GRANTS FOR语句查看账户权限。

例8-1:查看新创建的用户testuser1的权限。

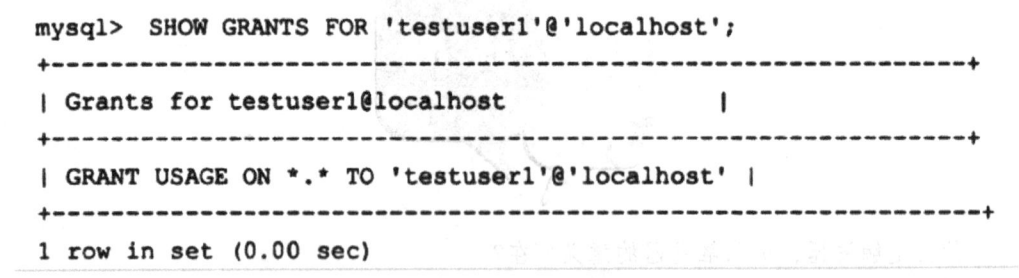

```
mysql> SHOW GRANTS FOR 'testuser1'@'localhost';
+---------------------------------------------------------+
| Grants for testuser1@localhost                          |
+---------------------------------------------------------+
| GRANT USAGE ON *.* TO 'testuser1'@'localhost'           |
+---------------------------------------------------------+
1 row in set (0.00 sec)
```

根据执行结果,可以看出账户仅有一个权限USAGE ON *.*,表示该账户对任何数据和数据表都没有权限。

一、权限的授予

如果需要对新建的MySQL用户授权,可以通过GRANT语句来实现,只有拥有GRANT权限的用户才可以执行GRANT语句,GRANT语句的语法如下:

```
GRANT priv_type[（column_list）]priv_type[（column_list）]]
ON [object_type]priv level
To user_[IDENTIFIED by [password]' password'
[user_identified by [' password' ]…]
[WITH with option]
```

说明如下：

（1）priv_type：用于指定权限的名称，如SELECT、UPDATE、DELETE等数据库操作。

（2）column_list：用于指定权限要授予该表中哪些具体的列。

（3）ON子句：用于指定权限授予的对象和级别，如可在ON关键字后面给出要授予权限的数据库名或表名等。

（4）object type：可选项，用于指定权限授予的对象类型，包括表、函数和存储过程，分别使用关键字table、function和procedure标识。

（5）priv level：用于指定权限的级别，可以授予的权限如下：

·列权限：与表中的一个具体列有关的权限。例如，可以使用UPDATE语句更新student表中cust_name列的值的权限。

·表权限：与一个具体表中的所有数据相关的权限。例如，可以使用SELECT语句查询customers表中所有数据的权限。

·数据库权限：与一个具体的数据库中所有表相关的权限。例如，可以在已有的数据库中创建新表的权限。

·用户权限：与MySQL中所有的数据库相关的权限。例如，可以删除已有的数据库或创建一个新数据库的权限。

对应地，在GRANT语句中可用于指定权限级别的值有如下几类格式：

·*：表示当前数据库中的所有表。

·*.*：表示所有数据库中的所有表。

·db_name.*：表示某个数据库中的所有表。db_name指定数据库名。

·db_name.tbl name：表示某个数据库中的某个表或视图。db_name指定数据库名，tbl_name指定表名或视图名。

·tbl_name：指定表名或视图名。

·db_name.routine name：表示某个数据库中的某个存储过程或函数，routine_name指定存储过程名或函数名。

（6）TO子句：用于设定用户的口令，以及指定被授予权限的用户user。若在TO子句中给系统中存在的用户指定新密码，则新密码会将原密码覆盖。如果权限被授予给一个不存在的用户，MySQL会自动执行一条CREATE USER语句来创建这个用户，但同时将为该用户指定口令。由此可见，GRANT语句也可以用于创建用户账号和修改用户密码。

（7）WITH子句：可选项，用于实现权限的转移或限制。

（8）结合不同的权限级别priv_level，可以将priv_type设定为不同的值。授予列权限时，priv_level的值只能指定为SELECT、INSERT和UPDATE，同时权限的后面还需要加上列名列表column_list。

（9）授予表权限时，priv_level可以指定为以下值：

·SELECT：授予用户可以使用SELECT语句访问特定表的权限。

·INSERT：授予用户可以使用INSERT语句向一个特定表中添加数据行的权限。

·DELETE：授予用户可以使用DELETE语句从一个特定表中删除数据行的权限。

·UPDATE；授予用户可以使用UPDATE语句修改特定数据表中值的权限。

·REFERENCES：授予用户可以创建一个外键来参照特定数据表的权限。

·CREATE：授予用户可以使用特定名字来创建一个数据表的权限。

·ALTER：授予用户可以使用ALTER语句修改数据表的权限。

·INDEX：授予用户可以在表上定义索引的权限。

·DROP：授予用户可以删除数据表的权限。

·ALL或ALLPRIVILEGES：表示所有的权限名。

（10）授予数据库权限时，priv_level可以指定为以下值：

·SELECT：授予用户可以使用SELECT语句访问特定数据库中所有表和视图的权限。

·INSERT：授予用户可以使用INSERT语句向一个特定数据库内所有表中添加数据行的权限。

·DELETE；授予用户可以使用DELETE语句删除特定数据库中所有表的数据行的权限。

·UPDATE：授予用户可以使用UPDATE语句更新数据库中所有数据表的值的权限。

·REFERENCES：授予用户可以创建指向特定的数据库中的表外键的权限。

·CREATE：授予用户可以使用CREATE语句在特定数据库中创建新表的权限。

·ALTER：授予用户可以使用ALTER语句修改特定数据库中所有表的权限。

·INDEX：授予用户可以在特定数据库的所有数据表上定义和删除索引的权限。

·DROP：授予用户可以删除特定数据库中所有表和视图的权限。

·CREATE TEMPORARYTABLES：授予用户可以在特定数据库中创建临时表的权限。

·CREATE VIEW：授予用户可以在特定数据库中创建新的视图的权限。

·SHOW VIEW：授予用户可以查看特定数据库中已有视图的权限。

·CREATE ROUTINE：授予用户可以更新和删除数据库中已有的存储过程和存储函数的权限。

· LOCK TABLES：授予用户可以锁定数据库中已有数据表的权限。

· ALL或ALLPRIVILEGES：表示以上所有权限。

（11）最有效的权限是用户权限。授予用户权限时，priv_level除了可以指定授予数据权限的所有值外，还可以是如下值：

· CREATE USER：授予用户可以创建和删除新用户的权限。

· SHOW DATABASES：授予用户可以使用SHOW DATABASES语句查看所有已有的数据定义的权限。

例8-2：当前系统中不存在用户testuser2，要求创建这个用户，并设置对应的系统登录口令为"testuser2"，同时授予该用户在所有数据库的所有表上的SELECT和UPDATE的权限。

```
mysql>GRANT SELECT, UPDATE ON *.* TO 'testuser2'@'localhost' IDENTIFIEDby'testuser2';
Query OK, 0 rows affected, 1 warning (0.00 sec)
```

查看新创建的用户"testuser2"的权限，可以看到相应的权限已经赋予了用户"testuser2"。通过例8-2可知，利用GRANT语句，可以在创建用户的同时赋予其相应的权限。

例8-3：授予用户testuser1在数据库sailing的customers表上对列Customer ID和列Name的SELECT权限。

```
mysql>GRANT SELECT (CustomerID, Name) ON sailing.customers TO 'testuser1'@'localhost';
Query OK, 0 rows affected (0.00 sec)
```

权限授予语句成功执行后，使用"testuser1"账户登录MySQL服务器可以使用SELECT语句来查看customers表中列Customer ID和列Name的数据，目前仅能执行该操作。如执行其他数据库操作，则会出现错误。

例8-4：授予系统中已存在的用户testuser1可以在数据库sailing中执行所有数据库操作的权限。

```
mysql>GRANT all ON sailing.*To 'testuser1'@'localhost';
Query OK, 0 rows affected (0.00 sec)
```

二、权限的转移与限制

权限的转移与限制可以通过在GRANT语句中使用WITH子句来实现。

1. 转移权限

利用WITH子句，可以赋予TO子句中所指定的用户将自身权限授予其他用户的权利，不管其他用户是否拥有该权限。

例8-5：授予当前系统中一个不存在的用户testuser4在数据库sailing的customers表上拥有SELECT和UPDATE的权限，并允许其可以将自身的这个权限授予其他用户。

```
mysql>GRANT SELECT, UPDATE ON sailing.Customers To 'testuser4'@'localhost'
'IDENTIFIED by'123456'
->WITH grant option;
Query OK, 0 rows affected, 1 warning（0.01 sec）
```

语句成功执行后，会在系统中创建一个新的用户账号testuser4，其口令为"123456"，以该账户登录MySQL服务器即可根据需要将其自身的权限授予其他指定的用户。

2. 限制权限

如果WITH子句中WITH关键字后面紧跟的是MAX_QUERIES PER HOUR count、MAX_UPDATES PER HOUR count、MAX_CONNECTIONS PER HOUR count或MAX_USER_CONNECTIONS count中的任意一项，则该GRANT语句可用于限制权限。

- MAX_QUERIES PER HOUR count：表示限制每小时可以查询数据库的次数。
- MAX_UPDATES PER HOUR count：表示限制每小时可以修改数据库的次数。
- MAX_CONNECTIONS PER HOUR count：表示限制每小时可以连接数据库的次数。
- MAX_user_CONNECTIONS count：表示限制同时连接MySQL的最大用户数。

count数值对于前3个指定而言，如果为0，则表示不起限制作用。

例8-6：授予用户testuser4在数据库sailing的customers表上每小时处理一条SELECT语句的权限。

```
mysql>GRANT DELETE ON sailing.customers To 'testuser4'@'localhost'
->with MAX QUERIES PER HOUR 1;
Query OK, 0 rows affected, 1 warning（0.01 sec）
```

三、权限的撤销

当需要撤销一个用户的权限，而又不希望将该用户从系统user表中删除时，可以使用REVOKE语句来实现，REVOKE语句和GRANT语句的语法格式相似，但具有相反的效果。

第一种：

```
REVOKE priv_type[（column_list）][prv_tyPe[（column_list）]
ON object_type ]priv_level
```

FROM user[, user]

第二种：

REVOKE all privileges, grant option

FROM user[, user];

说明如下：

1）第一种语法格式用于回收某些特定的权限。

2）第二种语法格式用于回收特定用户的所有权限。

3）要使用REVOKE语句，必须拥有MySQL数据库的全局CREATE USER权限或UPDATE权限。

例8-7：回收系统中已存在的用户testuser4在数据库sailing的customers表上的SELECT权限。

```
mysql> REVOKE SELECT ON sailing.customers FROM 'testuser4'@'localhost';
Query OK, 0 rows affected (0.01 sec)
```

可以调用SHOW GRANTS语句查看此时testuser4账户所具有的操作权限，可以看出其目前只具有UPDATE和DELETE权限。

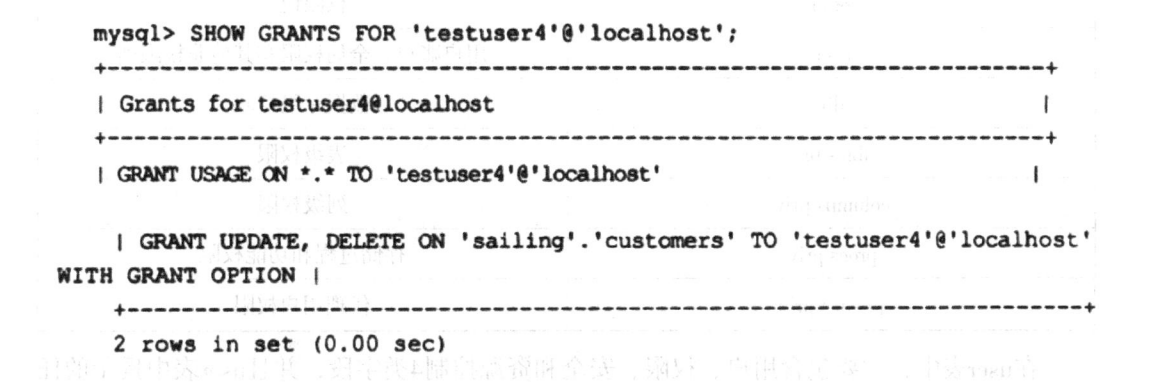

```
mysql> SHOW GRANTS FOR 'testuser4'@'localhost';
+----------------------------------------------------------------------+
| Grants for testuser4@localhost                                       |
+----------------------------------------------------------------------+
| GRANT USAGE ON *.* TO 'testuser4'@'localhost'                        |
| GRANT UPDATE, DELETE ON 'sailing'.'customers' TO 'testuser4'@'localhost' WITH GRANT OPTION |
+----------------------------------------------------------------------+
2 rows in set (0.00 sec)
```

第二节　用户管理

根据访问控制的需要来管理用户账户，既能防止某些用户的恶意企图，也可以保证用户不出现无意的错误。

授予MySQL账户的权限决定了账户可以执行的操作。MySQL权限在其适用的上下文和不同操作级别上有所不同。

（1）管理权限使用户能够管理MySQL服务器的操作。这些权限是全局的，不是特定于数据库的。

（2）数据库权限适用于数据库及其中的所有对象，可以为特定数据库或全局授予这些权限。

（3）数据库对象权限适用于数据库中的特定对象，可以为表、索引、视图和存储过程等授予权限。

一、用户权限表

在MySQL数据库中与用户及权限相关的数据表一共有6个，有关说明如表8-1所示。

其中，访问数据库的各种用户信息都保存在user表中，剩下的5张表中主要存储的是用户有关权限信息。

表8-1 与用户权限管理有关的6张表

表名	权限说明
user	用户账户、全局权限和其他非权限列
db	数据库级权限
tables_priv	表级权限
columns_priv	列级权限
procs_priv	存储过程和功能权限
proxies_priv	代理用户权限

在user表中，主要包含用户、权限、安全和资源控制4类字段，并且user表中授予的任何权限都表示用户的全局权限，即此表中授予的任何权限都适用于服务器上所有数据库。

例8-8：查询user表的相关用户字段。

```
mysql> SELECT host,user from mysql.user;
+-----------+-----------+
| host      | user      |
+-----------+-----------+
| localhost | mysql.sys |
| localhost | root      |
+-----------+-----------+
2 rows in set (0.00 sec)
```

从查询结果可以看出，查询字段user字段在localhost主机下有两个用户：一个是root，一个是mysql.sys。当添加、删除或修改用户信息时，其实就是对user表进行操作。

1.权限字段

user表中包含几十个与权限有关且以priv结尾的字段，这些权限字段决定了用户的权限，不仅包括修改和添加权限，还包含关闭服务器权限、超级权限和加载权限等。不同用户所拥有的权限可能会有所不同，主要的权限字段及说明如表8-2所示。

表8-2　权限字段说明

权限字段	说明
Select priv	确定用户是否可以通过SELECT命令选择数据
Insert priv	确定用户是否可以通过INSERT命令插入数据
Update priv	确定用户是否可以通过UPDATE命令修改现有数据
Delete priv	确定用户是否可以通过DELETE命令删除现有数据
Create priv	确定用户是否可以创建新的数据库和表
Drop priv	确定用户是否可以删除现有数据库和表
Reload priv	确定用户是否可以执行刷新和重新加载MySQL所用各种内部缓存的特定命令，包括日志、权限、主机、查询和表
Shutdown priv	确定用户是否可以关闭MySQL服务器。在将此权限提供给root账户之外的任何用户时，都应当非常谨慎
Process priv	确定用户是否可以通过SHOWPROCESSLIST命令查看其他用户的进程
File priv	确定用户是否可以执行SELECT INTO OUTFILE和LOAD DATA INFILE命令
Grant priv	确定用户是否可以将已经授予自己的权限再授予其他用户。例如，如果用户可以插入、选择和删除数据库中的信息，并且授予了GRANT权限，则该用户就可以将其任何或全部权限授予系统中的任何其他用户
References priv	某些未来功能的占位符
Index priv	确定用户是否可以创建和删除表索引
Alter priv	确定用户是否可以重命名和修改表结构
Show db priv	确定用户是否可以查看服务器上所有数据库的名字，包括用户拥有足够访问权限的数据库。可以考虑对所有用户禁用这个权限，除非有特别不可抗拒的原因
Super priv	确定用户是否可以执行某些强大的管理功能，例如通过KILL命令删除用户进程等
Create_tmp_table priv	确定用户是否可以创建临时数据表
Lock_tables priv	确定用户是否可以使用LOCK TABLES命令阻止对表的访问/修改
Execute priv	确定用户是否可以执行存储过程。此权限只在MySQL5.0及更高版本中有意义
Repl slave priv	确定用户是否可以读取用于维护复制数据库环境的二进制日志文件。此用户位于主系统中，有利于主机和客户机之间的通信
Repl client priv	确定用户是否可以复制从服务器和主服务器的位置
Create view priv	确定用户是否可以创建视图
Show view priv	确定用户是否可以查看视图或了解视图如何执行
Create routine priv	确定用户是否可以创建存储过程和函数
Alter routine priv	确定用户是否可以修改或删除存储过程及函数

续表

权限字段	说明
Create user_priv	确定用户是否可以执行CREATE USER命令，这个命令用于创建新的MySQL账户
Event priv	确定用户能否创建、修改和删除事件
Trigger priv	确定用户能否创建和删除触发器
Create tablespace priv	创建临时表空间

2.安全字段

安全字段负责管理用户的安全信息，包括6个字段，其中ssl_type和ssl_cipher用于加密；x509 issuer和x509 subject用来标识用户；plugin和authentication string用于存储和授权相关的插件。

例8-9：使用SHOW VARIABLES LIKE'have openssl'语句查看服务器是否具有ssl加密功能。

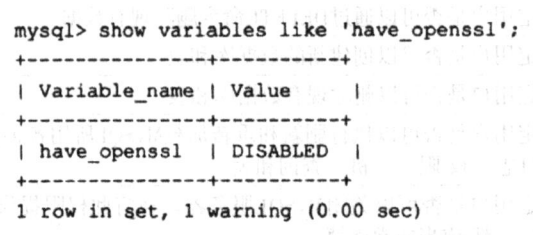

```
mysql> show variables like 'have_openssl';
+---------------+----------+
| Variable_name | Value    |
+---------------+----------+
| have_openssl  | DISABLED |
+---------------+----------+
1 row in set, 1 warning (0.00 sec)
```

从查询结果可以看出，当前数据库服务器不支持加密功能。

3.资源控制列

资源控制列用来限制用户使用的资源，包含如下4个字段：

·MAX_questions：用户每小时允许执行的查询操作次数。

·MAX_updates：用户每小时允许执行的更新操作次数。

·MAX_connections：用户每小时允许执行的连接操作次数。

·MAX_user_connections：单个用户可以同时具有的连接次数。

这些字段的默认值为0，表示没有限制。

二、创建用户账号

MySQL中可以使用两种方法创建用户账户：第一种是使用CREATE USER语句，第二种是使用MySQL账户管理功能的第三方工具。下面分别介绍这两种方法。

1.使用CREATE USER创建用户账号

可以使用CREATE USER语句创建一个或多个MySQL账户，语法格式如下：

CREATE user_' user_name' @' host_name' IDENTIFIED by [password]' password'
{user_IENTIFIED by [' password']…

说明如下：

（1）user_name指定用户名，host_name为主机名，即用户连接MySQL时所在主机的名字，如果是本地用户可用localhost，如果在创建的过程中只给出了账户的用户名，而没有指定主机名，则主机名默认为"%"，即该用户可以从任意主机登录。

（2）IDEDTIFIED by子句：用于指定用户账号对应的口令，若该用户账号无口令，则可省略此子句。

（3）[password]（可选）：用于指定散列口令（把任意长度的输入密码，通过散列算法变换成固定长度的输出，该输出就是散列值），即若使用明文设置口令，需忽略password关键字；如果不想以明文设置口令，且知道password（ ）函数返回给密码的散列值，则可以在此口令设置语句中指定此散列值，但需要加上关键字password。

（4）password：指定用户账号的口令，在identified by关键字或password关键字之后。给定的口令值可以是由字母和数字组成的明文，也可以是通过password（ ）函数得到的散列值。

例8-10：在MySQL服务器中添加新的用户，其用户名为testuser1，主机名为localhost，口令设置为明文"testuser1"。

mysql>CREATE USER 'testuser1'@'localhost' identified by 'testuser1';
Query OK, 0 rows affected （0.00 sec）

例8-11：在MySQL服务器中添加新的用户，其用户名为testuser2，不设置密码。

mysql>CREATE USER 'testuser2'
Query OK, 0 rows affected （0.00 sec）

此时查看user表，可以发现增添了新的用户testuser1和testuser2。

```
mysql> SELECT host,user from mysql.user;
+-----------+-----------+
| host      | user      |
+-----------+-----------+
| %         | testuser2 |
| localhost | mysql.sys |
| localhost | root      |
| localhost | testuser1 |
+-----------+-----------+
4 rows in set (0.00 sec)
```

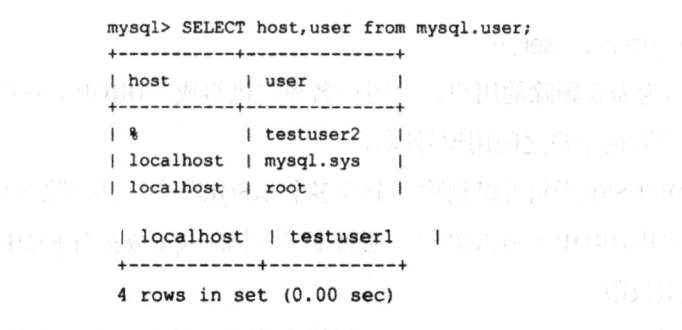

在使用CREATE USER语句时，需要注意以下几点：

（1）要使用CREATE USER语句，需要登录MySQL控制台，且用户要具有CREATEUSER权限。

（2）使用CREATE USER语句创建一个用户账号后，会在系统自身的MySQL数据库的user表添加一条新记录。如果创建的账户已经存在，则语句执行会出现错误。

（3）如果两个用户具有相同的用户名和不同的主机名，MySQL会将它们视为不同的用户，并允许为这两个用户分配不同的权限集合。

（4）如果没有为用户指定口令，那么表示MySQL允许该用户可以不使用口令登录系统，这种做法的安全隐患较高。

（5）使用CREATE USER语句创建的用户账户拥有的权限较少，只能登录到数据库服务器，如果需要赋予其他权限，使用GRANT语句。

2.使用工具创建用户

在命令行模式下创建用户对于新手来说稍复杂，平时更多的是使用图形化工具来完成创建用户等操作。本书中采用phpMyAdmin工具平台创建用户，具体步骤如下：

（1）首先以root用户账号进入phpMyAdmin工具平台；

（2）打开"账户"选项卡；

（3）单击窗口左下角的"新增用户账号"按钮；

（4）在弹出的"新增用户账户"对话框中依次输入创建用户信息，单击窗口右下角"执行"按钮，会提示用户创建成功。

三、删除用户

在MySQL数据库中，可以使用DROP USER语句删除普通用户，也可以使用DELETE语句直接在user表中删除用户。

1.用DROP USER语句删除普通用户

在利用DROP USER语句删除用户时，必须确定是否具有DROP权限，其语法格式如下：

DROP user_user[, user]…

其中，user为需要删除的用户，由用户名和主机组成。DROP USER语句可以同时删除多个用户，被删除的用户之间用逗号隔开。

（1）DROP USER语句可以删除一个或多个MySQL账户，并消除其权限。

（2）要使用DROP USER语句，必须拥有对MySQL数据库的DELETE权限或全局CRETATE USER权限。

（3）在使用DROP USER语句时，如果没有明确地给出账户的主机名，则该主机名会被默认为"%"。

（4）用户的删除不会影响到他们之前所创建的表、索引或其他数据库对象，这是因为MySQL并没有记录是谁创建了这些对象。

例8-12：删除testuser1用户。删除后，查看user表，发现已经没有testuser1的记录。

mysql>DROP USER testuser1 @localhost;

Query OK, 0 rows affected （0.02 sec）

2.使用DELETE语句删除普通用户

可以使用DELETE语句直接删除mysql.user表中相应的用户信息，但必须拥有mysql.user表的DELETE权限。其基本语法格式如下：

DELETE FROM mysql.user WHERE Host='hostname' AND User='username'；

Host和User这两个字段都是mysql.user表的主键。因此，需要两个字段的值才能确定一条记录。

例8-13：利用DELETE删除user表中的testuser2用户。

mysql>DELETE from mysql.user where user='testuser2'；

Query OK, 1 row affected （0.01 sec）

通过SELECT语句查看执行结果。

```
mysql> SELECT host,user from mysql.user;
+-----------+------------+
| host      | user       |
+-----------+------------+
| localhost | mysql.sys  |
| localhost | root       |
| localhost | testuser3  |
+-----------+------------+
3 rows in set (0.00 sec)
```

执行结果显示testuser1和testuser2都被删除了。

四、修改用户账号

可以使用RENAME USER语句修改一个或多个已经存在的MySQL用户账号，语法格式如下：

RENAME USER old_user To new_user （old_user To new_user）…

说明如下：

（1）old_user：系统中已经存在的MySQL用户账号。

（2）new_user：新的MySQL用户账号。

（3）要使用RENAME USER语句，必须拥有MySQL中mysql数据库的UPDATE权限或全局CREATE USER权限。

（4）若系统中旧账号不存在或者新账户已存在，则语句执行会出现错误。

例8-14：将用户testuser3的名字修改成testuser1。

mysql> Rename user 'testuser3'@'localhost' to 'testuser1'@'localhost';
Query OK, 0 rows affected (0.00 sec)

利用SELECT语句查看执行结果，可以看到用户名已经发生了变化。

```
mysql> SELECT host,user from mysql.user;
+-----------+-----------+
| host      | user      |
+-----------+-----------+
| localhost | mysql.sys |
| localhost | root      |
| localhost | testuser1 |
+-----------+-----------+
3 rows in set (0.00 sec)
```

五、修改用户口令

修改用户口令的方法主要有两种，分别是SET语句和UPDATE语句。

1. 使用SET语句修改用户口令

SET语句的语法格式如下：

SET PASSWORD [FOR user]=password（'new password'）

说明如下：

（1）FOR子句用来指定用户，如未指定，默认当前用户；指定用户的格式必须以"user_name@host_name"的格式，user_name为用户名，host_name为主机名。如果用户不存在，则语句执行会出现错误。

（2）password子句表示使用函数password（）设置新口令new password，即新口令必须通过函数password（）进行加密。

例8-15：将例8-7中用户testuser1的口令修改成"123456"。

mysql>SET PASSWORD for 'root'@'localhost'=password('123456')
Query OK, 0 rows affected, 1 warning (0.00 sec)

2. 使用UPDATE语句修改口令

mysql>use mysql;

mysql>update user set password=password('123') where user='root' and host='localhost';

mysql>flush privileges;

需要注意的是加密后的用户口令存储于authentication string字段。

例8-16：修改用户testuser1的口令为"123456"。

```
mysql> UPDATE mysql.user SET authentication string=password('123456')
where user='testuser1' and host ='localhost't
```

Query OK, 1 row affected, 1 warning (0.00 sec)

Rows matched: 1　Changed: 1　Warnings: 1

第三节　日志管理

一、错误日志

错误日志记载着MySQL服务器数据库系统的诊断和出错信息，包括MySQL服务器启动、运行和停止数据库的信息以及所有服务器出错信息。

1.启动和设置错误日志

默认情况下，MySQL会开启错误日志，用于记录MySQL服务器运行过程中发生的错误相关信息。错误日志文件默认存放在MySQL服务器的data目录下，文件名默认为主机名.err。错误日志的启动和停止及日志文件名，都可以通过修改my.ini来配置，只需在my.ini文件的[mysqld]组中配置log error参数，就可以启动错误日志。如果需要指定文件名，则配置如下：

[mysqld]

log error=[path/[file name]]

其中，path为日志文件所在的目录路径，file name为日志文件名。修改配置后，重新启动MySQL服务器即可。

若想关闭数据库错误日志功能，只需注释log-error参数行。

2.查看错误日志

通过错误日志可以监视系统的运行状态，便于及时发现故障，修复故障。MySQL错误日志是以文本文件形式存储的，可以使用文本编辑器直接查看错误日志。

例8-17：使用SQL语句查看MySQL的错误日志。

可以通过SHOW VARIABLES语句查看错误日志名和路径。具体语句如下：

SHOW VARIABLES LIKE'log error;

3.删除错误日志

由于错误日志是以文本格式存储的，因此可以直接删除。在运行状态下删除错误日志文件后，MySQL并不会自动创建日志文件，需要使用flush logs重新加载。

用户可以在服务器端执行mysqladmin命令重新加载，Windows窗口命令如下：

C:\>mysqladmin-u root-p Password flush logs

此外，删除错误日志还可以在数据库已登录的客户端重新加载，SQL语句如下：

mysql>flush logs;

二、通用查询日志

查询日志分为通用查询日志和慢查询日志，其中，通用查询日志记载着MySQL的所有用户操作，包括启动和关闭服务、执行查询和更新语句等信息，慢查询日志记载着查询时长超过指定时间的查询信息。

通用查询日志一般是以.log为后缀名的文件，如果没有在my.ini文件中指定文件名，就默认主机名为文件名。这个文件的用途不是为了恢复数据，而是为了监控用户的操作情况，例如，用户什么时候登录，哪个用户修改了哪些数据等。

1.启动和设置通用查询日志

在默认情况下，MySQL服务器并没有开启查询日志。可以通过修改系统配置文件my.ini来开启，它与二进制日志和错误日志类似，需要在my.ini文件的[mysqld]组下修改log选项设置，配置信息如下：

[mysqld]

log=[path/[filename]]

其中path/[filename]表示日志文件存储的物理路径和文件名。如果不指定存储位置，通用查询日志默认存储在MySQL数据文件夹中，并以"主机名.log"命名。

此外通用查询日志也可以通过在my.ini配置文件中设置如下系统变量来设置。

[mysqld]

log.output=[none file table file, table]

general_log=[1|0]

general_log_file=[filename]

其中：log.output用于设置通用查询日志输出格式；general log用于设置是否启用通用查询日志；general_log_file指定日志输出的物理文件。

以上方法中均需要重新启动MySQL服务器才能使设置生效。

2.设置通用查询日志输出格式

在默认情况下，通用查询日志输出格式为文本，可以通过设置log output变量来修改输出类型。其语法格式如下：

SET GLOBAL log output=[none|file|table|file, table];

其中，file设置输出日志为文本格式；table是指输出为数据表，该表存储在mysql数据库中的general log表中；file, table表示同时向文件和数据表中添加日志记录；设置为none时不输出任务日志。

3.查看通用查询日志

查看通用查询日志，数据库管理员可以清楚地知道用户对MySQL进行的所有操作。当通用查询日志输出为文本格式时，只需使用文本编辑器打开相应的日志文件即可。当通用查询日志输出为数据表时，可以通过查询mysql数据库中的general_loq表查看数据库的操作情况。

4.删除通用查询日志

由于通用查询日志记录用户的所有操作，因此在用户频繁查询、更新的情况下，通用查询日志会增长很快。数据库管理员可以定期删除早期的通用查询日志，以节省磁盘空间。当通用查日志是文本格式时，直接删除磁盘文件即可；当通用查询日志记录在表中时，可以使用DELETE语句删除数据表的方式删除查询日志。

三、慢查询日志

慢查询日志，顾名思义就是记录执行比较慢的查询的日志。数据库管理员通过对慢查询日志进行分析，可以找出执行时间较长、执行效率较低的语句，并对其进行优化。

MySQL中默认慢查询日志是关闭的，若需要开启慢查询日志，则可以修改系统配置文件my.ini。在my.ini文件的[mysqld]组下加入慢查询日志的配置选项，即可以开启慢查询日志。其语法格式如下：

[mysqld]

slow query log=[0|1]

slow query log file=[filename]

long query time=n;

语法说明如下：

· slow_query_log_file：代表MySQL慢查询日志的存储文件名，如果不指定文件名，默认存储在数据目录中，文件名是MySQL服务器的主机名。

· long_query_time=n：表示查询执行的阈值。n为时间值，单位是s，默认时间为10 s。当查询超过执行的阈值时，将会被记录。

· slow_query_log：值为0时，在日志中将没有使用索引的查询记录。

练习题

1.选择题

（1）SET PASSWORD语句用来_____。

A.创建用户账号

B.删除用户账号

C.修改用户账号

D.修改用户口令

（2）权限的转移与限制可以通过在GRANT语句中使用_____子句来实现。

A.SET

B.WITH

C.USER

D.REVOKE

（3）使用GRANT语句授予用户权限时，最有效的是授予_____权限。

A.数据库

B.用户

C.列

D.表

（4）下面_____不属于GRANT语句的功能。

A.创建用户账户

B.修改账户密码

C.授予用户权限

D.撤销用户权限

（5）GRANT语句的WITH子句后面可以跟_____种权限的限制方式。

A.4

B.3

C.2

D.1

（6）在GRANT语句中可用于指定权限级别的值描述不正确的是_____。

A.*：表示当前数据库中的所有表

B.*.*：表示所有数据库中的所有表

C.db name.*：表示某个数据库中的所有表

D.db_name.tbl_name.column_list：表示某个数据库中某个表的某些列

2.填空题

（1）MySQL数据库中存在6个控制权限的表，分别为_____表、_____表、_____表、_____表、_____表和_____表。这些表位于系统数据库MySQL中。

（2）user表中的权限列的字段决定了用户的_____，描述了在全局范围内允许对数据库进行的操作。包括_____和_____等用于数据库操作的普通权限，也包括_____服务器和加载用户等管理权限。

（3）常用的创建账号的方式有两种，一种是使用_____语句；另一种是使用_____语句。

（4）在MySQL中，可以使用_____语句删除用户。

（5）使用_____语句和_____语句，可以修改root用户密码。

（6）创建好账号后，可以使用_____语句和_____语句查看账号的权限信息。

（7）在MySQL中，使用_____语句为账号授权，使用_____语句取消用户权限。

第九章
MySQL数据库应用开发实例

📖 本章导读

> MySQL数据库是一种广泛应用于应用开发的关系型数据库管理系统。它提供了稳定、可靠的数据存储和管理功能，以及强大的查询和数据操作能力。MySQL数据库支持标准的SQL语言，使得开发人员能够轻松地进行数据的增删改查操作。在MySQL数据库应用开发中，我们可以利用其丰富的功能和特性来构建各种类型的应用，包括网站、应用程序等。通过使用MySQL数据库，我们能够轻松地管理和操作数据，实现数据的持久化存储，并支持高效的数据检索和处理。

学习目标

1. 掌握 MySQL 分区技术在海量系统日志中的应用
2. 学会 MySQL 数据库在 PHP 网页中的动态应用
3. 了解 PHP+MySQL 在线相册设计与实现

第一节 MySQL分区技术在海量系统日志中的应用

一、MySQL分区技术

MySQL分区是使用MyISAM引擎的一张表主要对应3个文件：①frm存放表结构；②myd存放表数据；③myi存放表索引。如果一张表的数据量太大，那么myd、myi也会变得很大，查找数据就会变得很慢。这时可以利用MySQL的分区功能，在物理上将这一张表对应的3个文件，分割成许多个小块，这样在查找一条数据时，就不用全部查找了，只要知道这条数据在哪一块，然后在对应位置查找。如果表的数据太大，可能一个磁盘放不下，就可以把数据分配到不同的磁盘里。数据库分区技术就是把一张表的数据分成N多个区块，这些区块可以在同一个磁盘上，也可以在不同的磁盘上。

通俗地讲，表分区是将一张大表，根据条件分割成若干张小表。假设某日志表的记录超过了700万条，为了更好地体现分区的优势，在进行表分区时，可以优先选择日志表的一些特性作为分区的条件，例如，记录时间、日志类型等。分区类别主要有RANGE分区、LIST分区、HASH分区、KEY分区、子分区。在此主要探讨RANGE分区在海量日志中的研究与应用。

在某物联网软件运行过程中，需要每隔20 min或30 min检测终端设备是否通联，每检测一个终端设备需要记录下该设备的运行状态、设备IP、Mac等信息。在上百个设备中，平均每天能产生上千条设备运行日志，一个月便能产生数万条日志。用户需要每天不定时查看这些运行日志，以便观测设备的运行状态。用户可以通过日期条件查询每天设备运行状态并以表格的形式显示出来。

随着软件业务的不断扩展，设备也逐渐增多，人工检测的机会也越来越多。随着时间的推移，设备日志数量与日俱增，总数量超过40万条时，数据库服务器的压力骤增，进而造成用户检索设备日志的时间延长，大大降低了用户使用的频率，影响了系统的工作效率，并且影响与设备日志表有关联的其他功能，导致其功能响应速度越来越慢。为了能够更好地提高系统的性能，节省查询的时间，提高设备日志的查询效率，保障设备日志功能正常运行，更好地为用户提供便利，在此对系统进行优化，改变了数据库单表的结构，采用分区管理数据的模式，极大改善了系统的性能。

二、设计方案与实现

为了更直观地展示此次需求改造方案,利用Visio工具,制作改造方案,如图9-1所示。主要对设备日志表进行优化和改造,针对设备日志表,按照提前约定的分区规则,利用MySQL数据库分区技术对表中的数据进行分区存储,使其存储到不同的分区文件中。对于与设备日志记录表有关联的功能模块,采用数据层面的优化方式,减少从数据量较大的表中查询数据的次数。

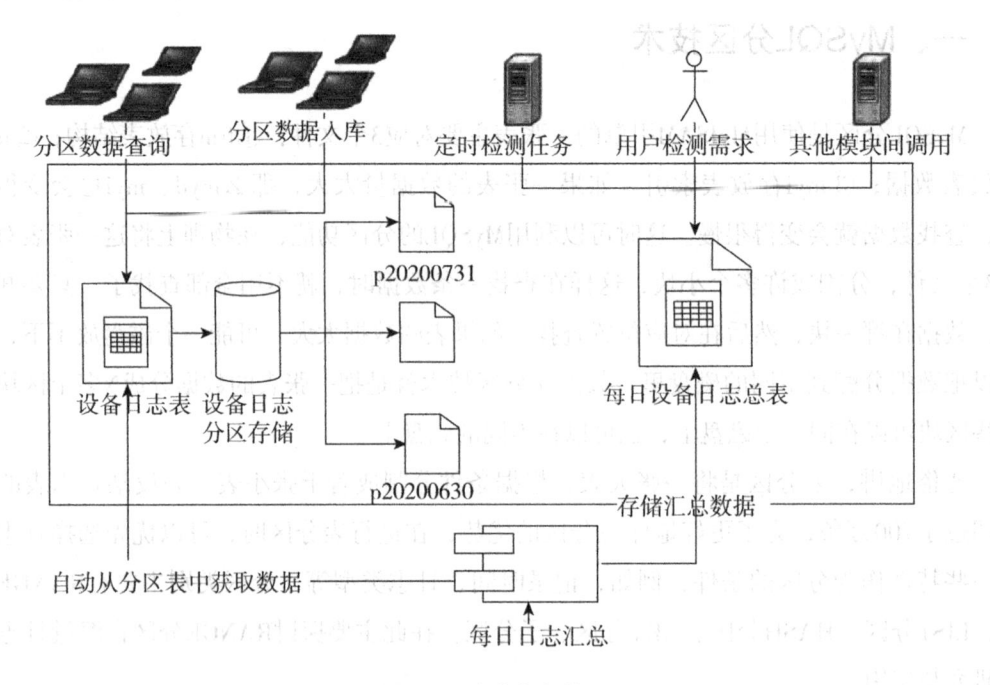

图9-1 改造方案说明

(一)数据库结构改造

通过观察,分析设备日志记录表的数据可知,从2020年系统部署使用以来,数据量与日俱增,总计50多万条,相当于每天产生600多条数据,平均每月的数据量2万条左右。针对这种情况,为了不增加维护成本,采用对数据表进行分区处理的方式,并按照数据量级进行分割数据。当数据量规模较小时,以5万为单位级进行数据分割;当数据量规模较大时,以10万为单位级进行数据分割。

分区表具有较强的可维护性,在面对数以万计的数据时,能够非常容易地将分区合并、新增和删除,使数据更容易被管理和维护。在数据查询方面,能够加快数据的查询速度、提高查询的效率,但分区技术不能够提高全表检索的速度,只能通过条件查询来加快查询的速度。

设备日志记录表（device_record_log）的字段设计包含自增主键字段（device_id）、设备名称（device_title）、设备类别（device_type）、设备序号（device_index）、设备型号（device_model）、设备（sn）、设备Mac（device_mac）、设备网址（device_ip）、子网掩码（device_netmask）、设备网关（device_gateway）、设备检测日期（device_checkin_date）、检测类型（checkin_type）、故障类型（error_type）、故障备注（error_remark）、备注（error_remark1）。

采用水平分区的方式对设备日志记录表进行优化。首先，查询device_id的最大值，计算需要分区的最小数量；然后，调整单表结构，将单表文件拆分成多份文件，成为分区表，使得一张单表具有多张表的存储功能，在应对存储大数据量时，不至于让单表的压力过大，数据的查询和存储效率明显提高。详细步骤如下：打开命令框，登录MySQL，打开指定数据库，输入以下SQL语句，使device_record_log表具有分区结构。

```
alter table device_error_log partition by RANGE（device_id）
（PARTITION PART01 Values less than（50000）
PARTITION PART02 Values less than（100000）
PARTITION PART03 VALUES less than（200000）
PARTITION PART04 VALUES less than（300000）
PARTITION PART05 VALUES less than（400000）
PARTITION PART06 VALUES less than（500000）
PARTITION PART07 VALUES less than（600000）
PARTITION PART08 VALUES less than（700000）
PARTITION PART09 VALUES less than（800000）
PARTITION PART10 VALUES less than（900000））；
```

device_record_log表中的数据是device_id小于5万的数据，全部分割到P1这个分区中；大于5万并小于10万的数据存储到P2这个分区中；大于10万并小于20万的数据存储到P3这个分区中；大于20万并小于30万的数据存储到P4这个分区中。以此类推，将原有单表的数据分别存储到对应的分区中，将原有的单表对应单文件存储模式，改为单表多文件存储模式，在大规模数据下，减轻单文件存储的压力。在指定条件下的查询，数据库分区搜索引擎会根据索引在相应的表分区中搜索。例如，需要查询的是某月的数据，MySQL数据库会先通过分区层打开并锁住所有的底层表，优化器先判断是否可以过滤部分分区，如果可以，则调用对应的存储引擎接口访问对应分区的数据；否则，异步读取各分区的数据。由于分区数据量远小于只有单表存储的数据量，相当于小文件操作，从而极大提高了读取效率，节省了查询时间，加快了数据库的响应速度，实现了数据查询速度的优化。

（二）功能模块改造

海量日志查询是一个非常耗性能的过程，对数据库的性能要求非常高。如果能够在结合MySQL数据库分区技术的基础上，合理地改造查询功能，使其不要在非必要的时候进行全表、全区数据扫描，就能够加快查询的速度，实现对系统功能的优化。

假如需要得到最近一个月的日志数据，以每月2万多条数据计算，一个分区至少存储5万条，一个月的数据在同一个分区中，这样查询数据不用跨区扫描，节省时间；假如需要查询近一年的日志数据量，此时日志数据已经存储在不同分区中，跨区扫描的时间将比在同一个分区的时间长很多，需要将查询功能优化处理，利用单分区查询的优势，按照分区段的限制，先查询一个分区内的数据，再根据条件查询另一个分区内的数据，最后分页展示给用户，达到快速显示的效果，提高系统的性能。示例SQL语句如下：

SELECT a.* FROM device_error_log a where
a.id<50000
SELECT b.* FROM device_error_log b where
b.id>50000 and b.id<100000
SELECT c.*FROM device_error_log c where
c.id>100000 and b.id<200000
SELECT d.* FROM device_error_log d where
d.id>500000 and b.id<6000004

三、实验及结果分析

（一）实验环境

硬件环境：实验均在笔记本电脑上进行、Windows11 64位操作系统、Intel（R）Core（TM）i7-10875H处理器、16G内存、500G硬盘。

软件环境：实验选用MySQL5.6版本。

（二）实验结果及对比分析

在相同的实验环境下，针对同一张表，模拟不同数量级数据，将具有表分区功能的表和原生表做对比实验。在同样的联合多张表SOL语句下，分两种情况测试数据查询的效率，一种具有表分区；另一种不具有表分区。从表9-1中可以看出随着数据量不断增大，改造前与改造后所需时间差距明显拉大，改造后所需时间比改造前缩短很多，查询效率明显提高。

表9-1 改造前后的速度对比

功能	对比类别	
	改造前所需时间	改造后所需时间
5万条数据	1.343	0.09
10万条数据	1.756	0.78
20万条数据	2.817	0.88
30万条数据	4.288	0.96
50万条数据	6.389	1.07
60万条数据	9.014	1.87

MySQL分区技术将数据库的优势引入处理海量日志数据的项目中，降低了系统项目使用后期更换数据库的风险，满足了企业对系统开发的需求，减少了系统维护的成本，延长了系统项目的使用寿命。从MySQL分区技术的概念理论入手，概述了数据库分区技术的使用场景，深入讲解了MySQL分区的分类及分区的使用方法，通过实验数据验证数据库分区技术的可行性和优越性。测试结果显示，将MySQL数据库分区技术应用到海量日志的系统项目中，成功解决了企业系统应对海量数据时存在的性能问题，达到了预期的效果。

第二节 MySQL数据库在PHP网页中的动态应用

一、2PHP网页的应用现状

超文本预处理（Hypertext Preprocessor，PHP）是嵌入式脚本语言，在具体的使用过程中可以结合模块和网页服务器充分发挥跨平台、跨服务端的积极作用，能够保证各数据库接口的有效性。例如MySQL、mSQL、Sybas。此外，在PHP语言以及Perl语言应用过程中具有较强的相似度。因此，对大多数初学人员来说，PHP的很多脚本语言都比较简单易学，初学者的学习速度比较快。此外，PHP本身是一种服务器端语言，与其他客户端语言相比存在极大差异，很多设计人员在利用PHP语言时，主要功能是完成计算，PHP可以利用计算机将计算出来的结果传输到相应的客户端。

目前的网页建设逐渐朝着商业化规模化的方向发展，在网页设计过程中，除了重视功能性能设计之外，对美化设计的要求在不断提高。传统网页设计主要以静态网页形式为主，相比网页样式呆板且占用较大空间，并且访问时间相对较长，PHP网页使数据库可以建设动态化网页，从而提高网页的综合性能。PHP本身属于html内嵌入式编程语言，在使用时可以在服务器端的执行程序中嵌入html文档脚本语言。因为PHP语言的操作比较简单，具有较强的兼容性和拓展性，在网页开发过程中的应用比较普遍。在PHP动态网页设计过程中，通常情况下，嵌入数据库为MySQL数据库。在进行动态网页设计工作时，需要将PHP和html语言有效嵌入其中，才能够实现MySQL数据库与语言的有效衔接，提高网页的动态数据库设计效果，有利于减轻后续网页使用过程中的维护难度，并且能够保证网页的运行效率。

二、MySQL数据库在PHP网页中的应用

在PHP动态网页设计过程中对MySQL数据库进行应用时，设计人员一般会从服务器、操作系统、浏览器、数据库系统等角度开展设计工作。在设计时要保证设计目标的合理性，同时要将工作属性作为核心对操作系统和网站运行服务器进行设计，确保两者相同。PHP自身带有的跨平台特征，可以确保其在不同操作系统上有效运行。在具体的设计过程中，需要注意以下要点：

（1）操作支持系统应用比较普遍的Linux与Windows，其中Windows的应用更加普遍。因此，在设计过程中可以以Windows为基础，使用服务器构建PHP的运行环境。PHP的服务器软件相对较多，主要以IIS、Apache为主。

（2）在数据库系统的使用过程中，为了保证在系统内部完整的储存相关数据，需要确保数据库系统属于PHP支持的范围。DB2、Oracle等都属于PSP的支持范畴。

（3）浏览器的主要作用是为用户提供网络页面浏览功能，在浏览器运行过程中解析器对其进行处理能够将PHP编译成其他代码，并将其发送到浏览器上。从这一点出发对PHP进行研究，其对浏览器的限制相对较小。因此，在网页设计过程中可以根据小组内的分头模式开展整体设计工作，但是需要注意在具体的设计工作中，必须要以用户浏览网页的顺序完成网页构建工作，这有助于提高网页的搭建效率。此外，在设计过程中要尽可能保证单个数据的准确性以及有效性，降低对单个数据的修改概率，提高用户的操作效率。

（一）构建开发环境

现阶段，以PHP为基础开发动态网页的过程中，需要完成LAMP、WAMP两种组合配置工作，其中LAMP是以Linux、Apache、MySQL、PHP为基础的配置组合；而WAMP是以

Windows、Apache、MySQL与PP为基础的配置组合。目前，市面上更加普遍的是Windows操作系统。因此，在PHP动态网页开发设计过程中，可以将WAMP作为主要的环境配置进行开发设计。在搭建开发环境的过程中，需要安装外部服务器，可以利用Windows驱动将其直接放置在光驱中，并设置外部站点目录和使用权限。在服务器搭建完成后要及时安装PHP系统。在此次研究过程中选择的是PHP4.O版本进行安装，同时重新配置PHP的运行参数。在安装和配置过程中要对需要使用的版本、服务器以及支持的版本一致性进行全面检查，防止在后续应用过程中出现冲突问题。

（二）网页前端设计

在动态网页设计过程中，很多设计人员更加重视的是网页开发需求，在具体的设计工作中需要全面把握网页的功能和相关界面，这是在网页前端设计过程中必须关注的重点内容。在实际设计时要以网页功能和网页前端界面为核心，保证设计工作的有序性。在网页软件中完成网页前端界面构建工作后，需要利用PHP语言完成用户登录界面编程与设计工作，可以将PHP文件直接作为html文档应用。在生存环境下，要将脚本在服务器端进行执行，执行后可以生成html语言。要注意在设计文件时需要在文件名结尾利用PHP进行命名。除了开展用户登录界面设计工作之外，还要注意新用户注册界面设计。一般利用固定的用户追踪功能，可以为互联网接入提供账户追踪。用户在使用网站进行搜索后，可以将这一功能添加在主页面，并能根据用户的具体使用需求设置相应的功能导航栏。在具体的设计过程中，需要利用能够满足高精度数学计算要求的编程语言将控制键连接在网络页面上。

（三）连接MySQL数据库脚本

在PHP中使用MySQL，就需要建立连接，执行查询，处理结果，以及关闭连接。本文将介绍如何在PHP中连接MySQL数据库脚本的基本步骤和方法。

1.建立连接

要连接MySQL数据库，首先需要知道数据库的主机名，用户名，密码，和数据库名。这些信息通常由数据库的管理员或提供商提供。然后，可以使用PHP的mysqli_connect函数来建立连接，如下所示：

```
//定义数据库的连接参数
$servername="localhost";//数据库的主机名，如果在本地，可以使用localhost
$username="root";//数据库的用户名，如果没有设置，可以使用root
$password="123456";//数据库的密码，如果没有设置，可以使用空字符串
$dbname="test";//数据库的名字，根据实际情况修改
```

```
//创建连接
//检查连接
die("连接失败:".mysqli_connect_error());
echo"连接成功";
```

上述代码中，mysqli_connect函数返回一个连接对象，如果连接失败，会返回false，并输出错误信息。如果连接成功，会输出连接成功的信息。注意，这里使用的是mysqli扩展，它是PHP中最新的MySQL数据库接口，比旧的mysql扩展更安全和高效。如果使用的是PHP 7或更高版本，建议使用mysqli扩展，而不是mysql扩展。

2.执行查询

连接成功后，就可以使用PHP的mysqli_query函数来执行SQL语句，对数据库进行操作，如查询，插入，更新，删除等。例如，如果要查询数据库中的users表，可以使用以下代码：

```
//定义SQL语句
//执行SQL语句，并返回结果集对象
//检查结果集是否为空
//输出每一行的数据
echo"没有结果";
```

上述代码中，mysqli_query函数返回一个结果集对象，如果查询失败，会返回false，并输出错误信息。如果查询成功，可以使用mysqli_num_rows函数来获取结果集中的行数，如果大于0，说明有数据，可以使用mysqli_fetch_assoc函数来遍历结果集中的每一行，以关联数组的形式返回。如果结果集为空，说明没有数据，可以输出没有结果的信息。

3.处理结果

在处理结果集时，除了使用mysqli_fetch_assoc函数以关联数组的形式返回数据外，还可以使用其他的函数，如mysqli_fetch_array，mysqli_fetch_row，mysqli_fetch_object等，根据不同的需求，以不同的形式返回数据。例如，如果要以对象的形式返回数据，可以使用以下代码：

```
//定义SQL语句
//执行SQL语句，并返回结果集对象
//检查结果集是否为空
//输出每一行的数据
echo"没有结果";
```

上述代码中，mysqli_fetch_object函数以对象的形式返回数据，可以使用->操作符来访问对象的属性。

4.关闭连接

在完成数据库的操作后，需要使用PHP的mysqli_close函数来关闭连接，释放资源，如下所示：

//关闭连接上述代码中，mysqli_close函数接受一个连接对象作为参数，关闭连接。注意，如果没有显式地关闭连接，PHP会在脚本结束时自动关闭连接，但为了良好的编程习惯，建议在不需要连接时手动关闭连接。

第三节　基于PHP+MySQL的在线相册设计与实现

一、在线相册的设计

（一）在线相册的需求分析

在本设计中，对于在线相册的具体需求分析如下：

（1）配置本地服务器用于测试和运行项目。

（2）支持最大5MB的图片上传，将图片保存到服务器。

（3）使用MySQL数据库保存相册数据。

（4）在一个相册内可以创建子相册，默认最多支持5级嵌套，且能够限制最多层级数。

（5）在相册中显示图片列表时，为避免图片文件过大造成页面打开缓慢，只显示缩略图。

（6）在浏览图片时，可以通过"上一张""下一张"按钮切换到本相册内的其他图片。

（7）支持相册图片的删除，在删除相册时只允许删除空相册。

（8）支持设置相册封面。

（9）可以通过文件名字搜索相册中的图片。

在实现以上效果前，首先进行准备工作，如图9-2所示。

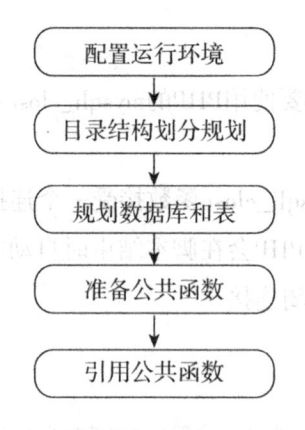

```
配置运行环境
    ↓
目录结构划分规划
    ↓
规划数据库和表
    ↓
准备公共函数
    ↓
引用公共函数
```

图9-2　项目开发准备工作

（二）开发环境配置及要求

网站开发设计工具Sublime4.0是一款非常高效的代码编辑工具，既可以编写代码还可以编辑文本。此软件是主流前端开发编辑器，体积较小，运行速度快，文本功能强大，支持编译功能且可在控制台看到输出，内嵌Python解释器支持插件开发以达到可扩展目的。

网站的开发技术是PHP技术。PHP，一个嵌套的缩写名称，是英文超级文本预处理语言PHP—Hypertext Preprocessor的缩写。PHP是全球网站使用最多的脚本语言之一，全球前100万的网站中，有超过70%的网站使用了PHP开发。随着开源潮流的蓬勃发展，PHP与Linux、Apache和MySQL一起共同组成了一个强大的Web应用程序平台，简称LAMP。PHP之所以应用广泛，受到大家欢迎，是因为它有很多突出的特点，如开源免费、跨平台、面向对象、支持多种数据库、快捷性。

数据库应用MySQL，MySQL是最流行的关系型数据库管理系统。MySQL性能卓越、服务稳定，开放源代码，自主性及使用成本低，体积小，安装方便，易于维护，支持多种操作系统，提供多种API接口，支持多种开发语言，特别是PHP。

Apache服务器是一款源代码开放的Web服务器，由于其开源、跨平台和安全性的特点被广泛应用。

（三）目录结构划分

在线相册系统的功能主要通index.php、show.php和search.php来完成。其中index.php是相册的首页，提供了相册浏览、新建相册、上传图片、删除图片、删除相册、设置图片为相册封面等功能；show.php用于图片的查看功能；search.php提供了图片的搜索功能。如表9-2所示。

表9-2 在线相册的目录结构

类型	文件名称	作用
目录	comm	保存公共的PHP文件
	css	保存项目的CSS文件
	js	保存项目的JavaScript文件
	view	保存项目的HTML文件
	upload	保存用户上传的图片
	thumb	保存图片的缩略图
	cover	保存相册的封面图
文件	Index.php	提供相册的创建、展示、删除以及图片上传功能
	Show.php	提供图片查看功能
	Search.php	提供图片搜索功能

（四）创建配置文件

在项目中通常有一些常用配置，如数据库连接信息，使用独立的配置文件来保存配置可以使代码更利于维护。接下来，在comm目录中创建配置文件config.php，保存数据库的连接信息，相册层级最大值，允许的图片扩展名，缩略图大小等主要代码如下：

' Return ['
' DB_CONNECT' =>[
' host' =>' localhost' ,
' user' =>' root' ,
' pass' =>' root' ,
' dbname' =>' php_album' ,
' port' =>' 3306'
],
' DB CHARSET' =>utf8' ,
' LEVEL MAX' =>5,
' ALLOW EXT' =>[' jpg' , jpeg' ,' png'],
THUMB SIZE' =>260.
];

上述代码通过数组保存了数据库连接信息，其中DB_CONNECT数组保存了用于mysqli_connect（）函数使用的连接参数，DB CHARSET保存了用于mysqli_set_charset（）函数使用的字符集信息。

（五）数据库的连接与设计

对于数据库的操作，有许多重复的代码需要编写。因此，可以将这些代码封装成函数，从而提高项目的开发速度。在comm目录中创建db.php保存数据库操作相关的函数，具体函数如下。

1.连接数据库

本设计中，对数据库的操作是十分频繁的，通过封装函数实现一次定义多次引用，编写db_connect()函数用于连接数据库，该函数通过静态变量$link保存数据库连接，仅当函数第一次调用的时候连接数据库。主要代码如下：

```
function db_connect()
{
static $link null;
if(!$link){
$config=array_merge(['host'=>'','user'=>'''pass'=>'',
'dbname'=>'','port'=>'']config('DB_CONNECT');
if(!$link=call_user_func_array(mysqli_connect', $config)){exit(' 数据库连接失败：'.mysqli_connect_error());
}
mysqli_set_charset($link,config('DB_CHARSET'));
}
return $link;
}
```

2.引入公共文件

公共函数是项目中通用的函数库，保存在function.php和db.php中，用于封装常用的代码，提高代码的复用性和可维护性，$_POST接收和过滤常用的操作。为了在项目中使用，还需要引入这些文件。下面通过项目的初始化文件comm/init.php来引入这些公共文件，并设置项目的时区和字符集，具体代码如下：

```
require'./comm/function.php';
require'./comm/db.php';
date_default_timezone_set('Asia/Shanghai');
mb_internal_encoding('UTF-8');
```

完成上述代码后，就可以通过引入init.php来实现项目的初始化。

3.数据库设计

数据库设计对项目功能的实现起着至关重要的作用，如果设计不合理、不完善，在开发和维护过程中可能会出现很多问题。本设计在MySQL中创建数据库_ablum.sql，用户保存本设计中的数据，根据项目的需求分析，在数据库中创建album和picture两个数据表，分别保存相册和图片数据。

相册信息表保存在线相册的相册ID、上级相册ID、相册名、相册路径、封面图地址及图片数等。其中相册路径和封面图地址是附加信息，用于记录用户上传的图片保存的位置，图片数用于记录相册中上传了几张图片，表结构如表9-3所示。

表9-3 album表

字段	数据类型	说明
id	INT UNSIGNED PRIMARY KEY AUTO_INCREMENT	相册ID
pid	INT UNSIGNED DEFAULT NOT NULL	上级相册ID
path	TEXT NOT NULL	相册路径
name	VARCHAR（12）DEFAULT" NOT NULL	相册名
cover	VARCHAR（255）DEFAULT" NOT NULL	封面图地址
total	INT UNSIGNED DEFAULT NOT NULL	图片数

图片信息表有四个字段：图片ID、所属相册ID、图片名、保存地址，如表9-4所示。

表9-4 picture表

字段	数据类型	说明
id	INT UNSIGNED PRIMARY KEY AUTO_INCREMENT	图片ID
pid	INT UNSIGNED DEFAULT 0 NOT NULL	所属相册ID
name	VARCHAR（80）DEFAULT" NOT NULL	图片名
save	VARCHAR（255）DEFAULT" NOT NULL	保存地址

二、相册管理

（一）创建相册

一般动态网站都分为前台代码和后台代码分开设计与制作。因此，创建相册首先进行网站的前台页面的设计，创建新建相册表单，为了便于用户在当前浏览的相册中创建子相册，可以在页面中提供一个新建相册的表单。主要代码如下：

```
<form method=" post" >
<input type=" hidden" name=" action" value=" new" >
```

```
<input type="text" name="name" placeholder="输入相册名称" required>
<input type="submit" "  value="创建相册">
</form>
```

在上述代码中，隐藏域"action"用于标识当前表单提交的操作为"new"，表示新建相册。由于没有指定表单的action属性，表单在提交时会自动携带当前参数。例如，当index.php的参数为"?id=1"时，提交新建相册的表单就表示在ID为1的相册中创建子相册。

在后台接收来自POST方式提交的action隐藏域内容，由于在新建相册时，需要判断当前相册嵌套的层数是否超过了限制，用于根据相册id获取相册记录，同时考虑到此功能多次调用，利用静态变量保存从数据库中查询到的结果，$data数组的键是待查询的相册ID，若从数据库中查不到则返回FALSE。主要代码如下：

```
static $data=[0=>false];
if(!isset($data[$id])){
$data[$id]db_fetch_row("SELECT pid', path', name', 'cover', 'total' FROM' album' WHERE' id' =$id")?: false;
```

完成上边函数后，再编写创建相册函数，计算相册的上级相册的数量，判断是否达到了最大值，当达到最大值时，输出提示信息"无法继续创建子目录，已经达到最多层级！"，否则，应用NSERT插入语句创建相册，主要代码如下：

```
if(substr_count($data[' path' ],', ' )>=config(' LEVEL_MAX ) ){
exit(无法继续创建子目录,已经达到最多层级！')}
$name=mb_strimwidth(trim($name),0,12);
db_exec(' INSERT INTO' album'  (pid', path', name') VALUES (?,?,?),' iss',[
Spid,($data[path].$pid.',"),($name?:'未命名')]);
```

通过浏览器访问进行测试效果如图9-3、图9-4所示。

图9-3 创建相册表单页

图9-4 创建新相册成功

（二）图片上传

1.检查上传文件并且生成文件名和保存路径

创建完相册后，相册为空，接下来我们在空相册中添加图片，在index.html中添加文件上传的表单，隐藏域action用于标识当前表单提交后执行upload操作，即图片上传。考虑到相册中可以保存大量的图片，为了避免文件名冲突，或者在一个目录中保存过多的文件导致难以维护，在albumupload（）函数中实现文件名和保存目录的自动生成，并判断上传图像的类型是否符合要求，关键代码如下：

//检查文件类型是否正确

$ext pathinfo（$file[′name′]，PATHINFO EXTENSION）；

if（!In_array（strtolower（$ext），config（′ALLOW EXT）））{

return tips（′文件上传失败：只允许扩展名：′.

implode（，′，config（′ALLOW EXT）））；}

//生成文件名和保存路径

$new dir date（′Y-m/d′）；

$new name md5（microtime（true））.″.$ext″；

2.生成缩略图

在相册管理模块中，图片的上传是必不可少的功能，但随着高分辨率相片的普及，上传图片的容量会很大。在很多图片的网页中，图片容量越大打开网页的速度越慢。在用户上传图片时，可能图片的大小尺寸不同，就会出现同一相册中图片大小不一，影响美观程度。为了解决以上问题，需要对用户上传的图片进行相应的处理，可以让其在指定大小的地方显示，定义函数实现缩略图的生成，主要代码如下：

$info getimagesize（$file）；

list（$width，$height）=$info；

在获取到原图的宽高后，就可以计算生成缩略图所需的坐标点，实现缩略图的生成。由于原图的比例不确定，为了避免缩略图比例失调，这里使用了最大裁剪的方式来生成缩略图。例如，一张400 px×200 px的图片，若要生成100 px×100 px的缩略图，就按照比例从原图的中心位置取出200 px×200 px的图像内容，如图9-5所示。取出之后，再将图像缩小成100 px×100 px的缩略图即可。

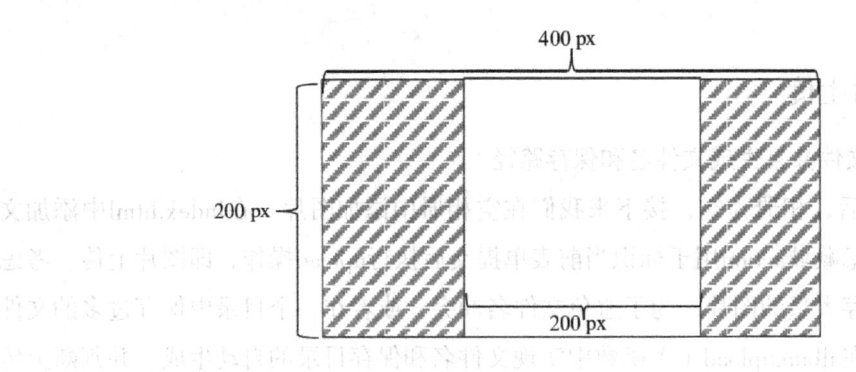

图9-5 最大剪裁

在计算坐标点时，应考虑原图宽度大于高度和高度大于宽度两种情况。主要代码如下：

```
if（$width $height）{
$size $height;
$x=（int）（（$width-$height）/2）;
$y=0;
}else{
$size $width;
$x=0:
$y=（int）（（$height-$width）/2）;
}
$thumb imagecreatetruecolor（$limit, $limit）;
imagecopyresampled（$thumb, $img, 0, 0, $x, $y, $limit,
$limit, $size, $size）;
```

3.添加水印

在网站上，为了保证网站中所上传的图片不被他人盗用，经常需要在所上传的图片上添加水印，水印分为图片水印和文字水印，本项目采用文字水印，在每张上传的图片上添加"××的个人相册"，以保护自己图片的信息不被盗用。关键代码如下：

```
//设置字体
$font_style='C:\Windows\Fonts\simsun.ttc';
//设置字体颜色
$color=imagecolorallocate（$thumb, 0xff, 0x00, 0xff）;
imagefttext（$thumb, 15, 0, 0, 35, $color, $font_style, 'XX个人相册'）;
```

实现效果如图9-6、图9-7所示。

图9-6 上传图片前

图9-7 上传图片后

（三）查看图片

在浏览相册中查看多个图片时，若要反复从相册列表和图片查看页面切换，显得非常麻烦。因此可以在图片展示页面中添加切换上一张和下一张图片的链接，主要代码如下：

$prev=db_fetch_row（"SELECT' id' FROM picture' WHERE pid' =$pid AND' id' <$id

ORDER BY' id' DESC LIMIT 1"）[' id];

$next=db_fetch_row（"SELECT' id' FROM picture' WHERE pid' $pid AND' id' >$id

ORDER BY' id' ASC LIMIT 1"）[' id'];

实现效果如图9-8所示。

图9-8 查看图片

（四）图片搜索功能

相册中图片很多，当忘记自己需要的图片放置在哪个相册中时，每个相册逐个查找太麻烦，本项目中提供了图片搜索功能是按照图片的文件名进行搜索，用户可以输入关键词，查找相册中所有符合关键词的图片，利用SQL语句中的LIKE操作符进行搜索即可。需要注意的是，由于LIKE条件可以用"%""_"进行模糊搜索，为了避免用户输入的内容和这些字符冲突，应该将这些字符进行转义。主要代码如下：

$search input（'get,'search','s'）;

$like='%'.db_escape like（$search）.'%';

$list=db_fetch_all（"SELECT'id','name','save'FROM'picture'WHERE'name'LIKE ORDER BY'id'DESC",'s',[$like]）;

实现效果如图9-9所示。

图9-9 图片搜索

（五）删除图片

对于相册中不再需要的照片可以删除，实现图片的删除，在删除图片时，不仅需要删除数据库中的记录，还需要删除图片的文件和缩略图。主要代码如下：

if（!$data=album_picture_data（$id））{

return tips（'删除失败：图片不存在！'）;

}

Db_exec（"DELETE FROM'picture'WHERE'id'=$id"）;实现效果如图9-10所示。

图9-10 删除图片

在线相册系统的实现，方便大家存储和管理自己的照片和喜欢的图片，也能够及时与他人分享自己的生活记录。通过创建相册模块可以将图片清楚地分类管理，通过生成缩略图可以使相册中的图片大小比较统一，添加水印功能保证网站中所上传的图片不被他人盗用，通过查找功能可以很快找到自己想要的图片，使用户在体验本系统同时更加愉快。本设计实现了一个个性化的在线相册，为广大摄影爱好者提供了沟通和交流的平台。

一、选择题

1.在存储相册图片时，你会选择将图片直接存储在数据库中还是存储在文件系统中，并在数据库中保存图片的路径？（　　）

A.直接存储图片在数据库中

B.存储图片在文件系统中，并在数据库中保存图片路径

C.取决于具体需求和项目规模

D.其他

2.如何实现用户注册和登录功能？（　　）

A.使用PHP内置的用户认证功能

B.自己设计和实现用户注册和登录功能

C.使用第三方身份验证服务（如OAuth）

D.其他

3.如何管理相册的访问权限？（　　）

A.所有用户均可访问所有相册

B.用户可以创建自己的相册并设定访问权限

C.使用角色和权限管理系统进行相册访问控制

D.其他

4.如何实现相册的分类和标签功能？（　　）

A.使用数据库的关联表进行分类和标签管理

B.使用文件夹和文件命名方式进行分类和标签管理

C.使用第三方图像识别和标注服务进行分类和标签管理

D.其他

5.如何实现相册的搜索功能？（　　）

A.使用MySQL的全文搜索功能

B.使用模糊匹配查询来进行搜索

C.使用第三方搜索引擎或服务（如Elasticsearch）

D.其他

二、简述题

1.在处理一个大规模的系统日志，包含数十亿条记录。如何使用MySQL分区技术来提高查询性能？

2.如何通过MySQL分区技术来管理海量系统日志数据的保留周期？

3.如果要将某个特定时间段的系统日志数据导出或备份，如何使用MySQL分区技术提高导出效率？

4.如何在PHP网页中连接到MySQL数据库并执行查询操作？

5.如何在PHP网页中更新或修改MySQL数据库中的数据？

参考文献

［1］徐彩云. MySQL数据库实用教程［M］. 武汉：华中科技大学出版社，2019.

［2］叶欣，周谊，宋国顺. MySQL数据库项目式教程［M］. 哈尔滨：东北林业大学出版社，2019.

［3］刘刚，苑超影. MySQL数据库应用实战教程：慕课版［M］. 北京：人民邮电出版社，2019.

［4］陈彬. 数据库技术项目化教程［M］. 大连：大连理工大学出版社，2019.

［5］刘凯立，高巧英. MySQL数据库教程［M］. 西安：西安电子科技大学出版社，2019.

［6］马成勋. MySQL数据库应用教程［M］. 合肥：合肥工业大学出版社，2019.

［7］单光庆. MySQL数据库应用与实例教程［M］. 成都：西南交通大学出版社，2019.

［8］祝小玲，吴碧海. MySQL数据库应用与项目开发教程［M］. 北京：北京理工大学出版社，2019.

［9］李辉. 数据库系统原理及MySQL应用教程［M］. 2版. 北京：机械工业出版社，2019.

［10］甘长春，孟飞. MySQL数据库管理实战［M］. 北京：人民邮电出版社，2019.

［11］李国红. Web数据库技术与MySQL应用教程［M］. 北京：机械工业出版社，2020.

［12］洪文兴. 数据库系统实践［M］. 厦门：厦门大学出版社，2020.

［13］谭秦红，章立，宋朝辉. NoSQL数据库原理与应用案例教程［M］. 北京：航空工业出版社，2020.

［14］方一新，朱东，王喜. 数据库技术案例教程：从MySQL到MongoDB［M］. 北京：中国铁道出版社，2020.

［15］孙泽军，刘华贞. MySQL 8 DBA基础教程［M］. 北京：清华大学出版社，2020.

［16］孔祥盛. MySQL基础与实例教程［M］. 北京：人民邮电出版社，2020.

［17］王成良，廖军. 大数据基础教程［M］. 北京：清华大学出版社，2020.

［18］陈贻品，贾蓓，和晓军. SQL从入门到精通：微课视频版［M］. 北京：中国水利水电出版社，2020.

［19］王坚，唐小毅.MySQL数据库原理及应用［M］.北京：机械工业出版社，2020.

［20］屈晓，麻清应.MySQL数据库设计与实现［M］.重庆：重庆大学电子音像出版社，2020.

［21］田春尧，魏玉书.数据库应用MySQL［M］.北京：北京理工大学出版社，2021.

［22］杨生，王利锋.MySQL数据库技术与应用：慕课版［M］.北京：人民邮电出版社，2021.

［23］周德伟.MySQL数据库基础实例教程［M］.2版.北京：人民邮电出版社，2021.

［24］胡巧儿，李慧清，许欢.MySQL数据库原理与应用项目化教程：微课版［M］.北京：电子工业出版社，2021.

［25］刘晓洪，冯川放.MySQL数据库技术应用教程［M］.北京：清华大学出版社，2021.

［26］饶静.数据库原理及SQL应用教程［M］.2版.成都：西南财经大学出版社，2021.

［27］何小苑，陈惠影.MySQL数据库应用与管理项目化教程：微课版［M］.西安：西安电子科学技术大学出版社，2021.

［28］陈承欢，张军.MySQL数据库应用与设计任务驱动教程［M］.2版.北京：电子工业出版社，2021.

［29］任丽娜，姚茂宣，邓文艳.MySQL数据库实用教程［M］.北京：清华大学出版社，2021.

［30］李爱武.MySQL数据库系统原理［M］.北京：北京邮电大学出版社，2021.